TARIF GÉNÉRAL

SELLERIE, CARROSSERIE

ET BOURRELLERIE

PINÇON

64, Rue de Bondy, 64

PARIS

[illegible]

FOURNISSEUR [illegible]

[illegible]

TARIF GÉNÉRAL

POUR

SELLERIE ET CARROSSERIE

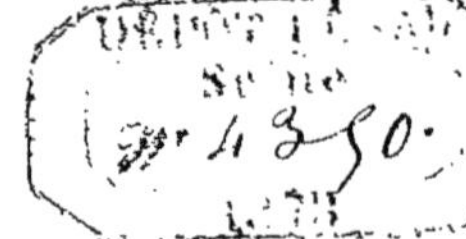

PINÇON

64, Rue de Bondy, 64

PARIS

TABLEAU DES MESURES MÉTRIQUES

CORRESPONDANT AUX MESURES ANCIENNES

Désignées par pouces et centimètres pour longueurs, lignes et millimètres pour largeurs.

HARNAIS POUR TOUS CHEVAUX POUR CABRIOLET

	LONGUEURS		LARGEURS	
	pouces.	centim.	lignes.	millim.
Œillères de bride	6	16	72	165
Grands Montants	18	50	9	20
Petits Montants	11	30	»	»
Muserolle	22	61	»	»
Sous-Barbe	7	21	»	»
Sous-Gorge	18	50	»	»
Dessus de tête	22	61	»	»
Enchapure de dessus de tête	2⅓	7	6	14
Ronds d'œillères	12	33	»	»
Sanglons de porte-œillères	6	16	6	14
Porte-Œillères à fourche (pr bride fine)	12	33	»	»
Plaque de dessus de tête (pr bride fine)	7	21	»	»
Entre-Deux de panurge (pr bride fine)	2⅓	7	»	»
Ronds de rênes	18	50	»	»
Sanglons de rênes	9	25	9	20
Ronds de grandes rênes	21	58	»	»
Plats de rênes	60	162	9	20
Collier, moyenne grandeur	19	53	»	»
Attelles, plus longues que le collier	1	3	»	»
— à clavette, plus longues que le collier	3	8	»	»
Courroies d'attelles	22	61	7	16
Traits rivés aux attelles, même longr qu'avec boucleteaux	64	175	18	41
Feutres de boucleteaux de traits	11	30	»	»
Blanchets de boucleteaux	8	22	»	»
Boucleteaux d'arrière-traits	9⅓	26	»	»
Sellette petits quartiers, Sellette d'une pièce, Sellette-Mantelet, Sellette à coulisse; quartiers, mêmes longueur et largeur	22	61	66	»
Sanglon de sellette	12	33	14	32
Dossière	36	100	17	39
Sanglons de porte-brancards	22	61	14	32
Sous-Ventrière	22	61	26	60
Derrière de reculement	42	116	17	39
Petits Boucleteaux de reculement	4⅓	12	9	20
Corps de croupière coupé	22	61	18	41
Sanglon de croupière	36	100	12	27
Courroies de reculement	42	116	»	»
Barre de fesses	44	122	18	41
Enchapure de culeron	2⅓	7	9	20
Martingale	36	100	12	27
Guides rondes, même longueur que guides plates, 8 mètres	»	»	10	22
Reculement à la russe, avec boucles à crampons	39	108	18	41
Courroies de reculement à la russe, avec boucles à crampon	42	116	12	27
Reculement à la russe, avec anneaux à passe	46	127	16	37
Courroies de reculement à la russe, avec anneaux à passe	37	103	12	27
Plate-Longe droite	70	192	15	37
— à poire	70	192	22	50
— à dessins	70	192	24	55
Barre de fesses à poire, coupée	44	122	22	50
— à dessins, coupée	44	122	24	55
Bricole à un cheval, avec boucles de traits ou traits cousus à la bricole	41	114	42	95
Dessus de cou	40	111	»	»

HARNAIS DE PONEY

	LONGUEURS		LARGEURS	
	pouces.	centim.	lignes.	millim.
Œillères de bride	5⅓	15⅓	66	150
Grands Montants	17	47	8	18
Petits Montants	10	28	»	»
Muserolle	21	58	»	»
Sous-Barbe	6	17	»	»
Sous-Gorge	18	50	»	»
Dessus de tête	21	58	»	»
Enchapure de dessus de tête	2	5⅓	6	14
Ronds d'œillères	12	33	»	»
Sanglons de porte-œillères	6	17	6	14
Porte-Œillères à fourche (pr bride fine)	12	33	»	»
Plaque de dessus de tête (pr bride fine)	7	20	»	»
Entre-Deux de panurge (pr bride fine)	2⅓	7	»	»
Ronds de rênes	17	47	»	»
Sanglons de rênes	8	22	8	18
Ronds de grandes rênes	20	55	»	»
Plats de rênes	56	155	8	18
Collier, moyenne grandeur	17	47	»	»

HARNAIS DE PONEY (suite).

	LONGUEURS pouces.	LONGUEURS centim.	LARGEURS lignes.	LARGEURS millim.
Attelles, plus longues que le collier	1	3	»	»
— à clavette, plus longues que le collier	3	8	»	»
Courroies d'attelles	22	61	7	16
Traits rivés aux attelles, même long^r qu'avec boucleteaux	61	170	17	39
Feutres de boucleteaux de traits	10	28	»	»
Blanchets de boucleteaux	7¼	21	»	»
Boucleteaux d'arrière-traits	8¼	23	»	»
Sellette petits quartiers, Sellette d'une pièce, Sellette-Mantelet, Sellette à coulisse; quartiers, mêmes longueur et largeur	20	55	60	»
Sanglon de sellette	12	33	12	27
Dossière	34	94	16	37
Sanglons de porte-brancards	22	61	12	27
Sous-Ventrière	20	55	24	55
Derrière de reculement	40	111	16	37
Petits Boucleteaux de reculement	4	11	9	20

	LONGUEURS pouces.	LONGUEURS centim.	LARGEURS lignes.	LARGEURS millim.
Corps de croupière coupé	21	58	16	37
Sanglon de croupière	34	94	11	25
Courroies de reculement	40	111	11	25
Barre de fesses	41	114	18	41
Enchapure de culeron	2¼	7	8	18
Martingale	34	94	11	25
Guides rondes, même longueur que guides plates, 7 mètres 50 cent.	»	»	10	22
Reculement à la russe, avec boucles à crampon	37	103	16	37
Courroies de reculement à la russe, avec boucles à crampon	40	111	11	25
Reculement à la russe, avec anneaux à passe	43	119	15	35
Courroies de reculement à la russe, avec anneaux à passe	36	100	11	25
Plate-Longe droite	67	186	15	35
— à poire	67	186	20	45
— à dessins	67	186	22	50
Barre de fesses à poire, coupée	41	114	20	45
— à dessins, coupée	41	114	22	50

HARNAIS DE PETIT PONEY

	LONGUEURS pouces.	LONGUEURS centim.	LARGEURS lignes.	LARGEURS millim.
Œillères de bride	5¼	15¼	66	150
Grands Montants	16	44	8	18
Petits Montants	9	25	8	»
Muserolle	20	55	»	»
Sous-Barbe	6	17	»	»
Sous-Gorge	16	44	»	»
Dessus de tête	20	55	»	»
Enchapure de dessus de tête	2	5¼	6	14
Ronds d'œillères	11	30	»	»
Sanglons de porte-œillères	5	14	6	14
Porte-Œillères à fourche (p^r bride fine)	11	30	6	14
Plaque de dessus de tête (p^r bride fine)	5¼	15	»	»
Entre-Deux de panurge (p^r bride fine)	2¼	7	»	»
Ronds de rênes	16	44	»	»
Sanglons de rênes	7	20	8	18
Ronds de grandes rênes	19	53	»	»
Plats de rênes	52	144	8	18
Collier, moyenne grandeur	15	41	»	»
Attelles, plus longues que le collier	1	3	»	»
— à clavette, plus longues que le collier	3	8	»	»
Courroies d'attelles	21	58	7	16
Traits rivés aux attelles, même long^r qu'avec boucleteaux	58	161	16	37
Feutres de boucleteaux de traits	9	25	»	»
Blanchets de boucleteaux	7	20	»	»
Boucleteaux d'arrière-traits	8	22	»	»
Sellette petits quartiers, Sellette d'une pièce, Sellette-Mantelet, Sellette à coulisse; quartiers, mêmes longueur et largeur	18	50	54	122

	LONGUEURS pouces.	LONGUEURS centim.	LARGEURS lignes.	LARGEURS millim.
Sanglon de sellette	12	33	12	27
Dossière	28	78	15	35
Sanglons de porte-brancards	21	61	12	27
Sous-Ventrière	18	50	24	45
Derrière de reculement	36	100	15	35
Petits Boucleteaux de reculement	3	8¼	8	18
Corps de croupière coupé	19	53	16	37
Sanglon de croupière	31	86	11	25
Courroies de reculement	38	105	11	25
Barre de fesses	39	108	16	37
Enchapure de culeron	2	5¼	8	18
Martingale	31	86	11	25
Guides rondes, même longueur que guides plates, 7 mètres 50 cent.	»	»	9	20
Reculement à la russe, avec boucles à crampon	33	92	15	35
Courroies de reculement à la russe, avec boucles à crampon	38	106	11	25
Reculement à la russe, avec anneaux à passe	40	111	14	32
Courroies de reculement à la russe, avec anneaux à passe	34	94	11	25
Plate-Longe droite	64	175	14	32
— à poire	64	175	18	41
— à dessins	64	175	20	45
Barre de fesses à poire, coupée	38	106	18	41
— à dessins, coupée	38	106	20	45

HARNAIS POUR CHEVAUX CORSES

	LONGUEURS		LARGEURS	
	pouces.	centim.	lignes.	millim.
Œillères de bride	5¼	14	63	140
Grands Montants	16	44	8	18
Petits Montants	8	25	»	»
Muserolle	19	53	»	»
Sous-Barbe	6	17	»	»
Sous-Gorge	16	44	»	»
Dessus de tête	19	53	»	»
Enchapure de dessus de tête	2	5¼	6	14
Ronds d'œillères	11	30	»	»
Sanglons de porte-œillères	5	13	6	14
Porte-Œillères à fourche (pr bride fine)	11	30	6	14
Plaque de dessus de tête (pr bride fine)	5	13	»	»
Entre-Deux de panurge (pr bride fine)	2	5¼	»	»
Ronds de rênes	15	41	»	»
Sanglons de rênes	7	20	8	18
Ronds de grandes rênes	18	50	»	»
Plats de rênes	48	133	»	»
Collier, moyenne grandeur	13	36	»	»
Attelles, plus longues que le collier	1	3	»	»
— à clavette, plus longues que le collier	3	8	»	»
Courroies d'attelles	20	55	7	16
Traits rivés aux attelles, même long^r qu'avec boucleteaux	55	153	15	35
Feutres de boucleteaux de traits	8	22	»	»
Blanchets de boucleteaux de traits	6	17	»	»
Boucleteaux d'arrière-traits	8	22	»	»
Sellette petits quartiers ou d'une pièce, Sellette-Mantelet, Sellette à coulisse, mêmes longueur et largeur	16	44	48	110
Sanglon de sellette	11	30	12	27
Dossière	26	70	14	32
Sanglons de porte-brancards	20	55	12	27
Sous-Ventrière	16	44	24	45
Derrière de reculement	32	89	14	32
Petits Boucleteaux de reculement	3	8¼	8	18
Corps de croupière coupé	17	47	16	37
Sanglon de croupière	28	78	10	22
Courroies de reculement	36	100	»	»
Barre de fesses	36	100	16	37
Enchapure de culeron	2	5¼	8	18
Martingale	28	78	10	22
Guides rondes, même longueur que guides plates, 7 mètres	»	»	9	20
Reculement à la russe, avec boucles à crampon	29	81	14	32
Courroies de reculement à la russe, avec boucles à crampon	36	100	10	22
Reculement à la russe, avec anneaux à passe	36	100	13	30
Courroies de reculement à la russe, avec anneaux à passe	32	89	10	22
Plate-Longe droite	57	158	13	30
— à poire	57	158	16	37
— à dessins	57	158	18	41

HARNAIS A LA TANDEM POUR TOUS CHEVAUX

Brides de même longueur, seulement une passe sur le dessus des cocardes pour passer les guides correspondant au deuxième cheval; attelles limonières ayant un œil sur le côté pour recevoir le mousqueton du trait du cheval de devant.

Pour toutes les autres pièces du premier cheval, même désignation que pour tous chevaux.

Pour le cheval de devant, bride de même dimension que celle pour tous chevaux.

Les traits du deuxième cheval, avec mousqueton; longueur, tout faits, 3 mètres.

Mantelet de même forme que tout autre mantelet, seulement, la mancelle forme sanglon correspondant au coulant de la sous-ventrière; cette mancelle forme une passe dans laquelle passe le trait pour le supporter; longueur de cette mancelle, 65 centimètres ou 2 pieds; à la croupière, une barre prise; sous le dernier fourreau, un anneau à chaque bout, dans lesquels passent les guides; longueur, 12 pouces ou 33 centimètres.

Guides du deuxième cheval, avec mousqueton; longueur, toutes faites, 14 mètres.

HARNAIS POUR TAPISSIÈRE OU OMNIBUS A UN CHEVAL

	LONGUEURS		LARGEURS	
	pouces	centim.	lignes.	millim.
Œillères de bride	6	17	72	165
Grands Montants	18	50	10	22
Petits Montants	11	30	»	»
Muserolle	22	61	»	»
Sous-Barbe	8	22	»	»
Sous-Gorge	18	50	»	»
Dessus de tête	23	64	»	»
Enchapure de dessus de tête	2¼	7	6	14
Ronds d'œillères	13	36	»	»
Sanglons de porte-œillères	6	17	6	14
Ronds de rênes	22	61	»	»
Sanglons de rênes	9	25	10	22
Plats de rênes	66	184	»	»
Collier de tapissière, Collier de mon système, à clavette; Collier 1/2 artillerie, moyenne grandeur	19	53	»	»
Attelles renforcées, soit tirage à crochet, tirage ordinaire ou à olive, pour décrocheter les traits à volonté; plus longues que le collier	1	3	»	»

HARNAIS POUR TAPISSIÈRE OU OMNIBUS A UN CHEVAL (suite).

	LONGUEURS		LARGEURS	
	pouces.	centim.	lignes	millim.
Les mêmes Attelles, à clavette, pour collier coupé, plus longues	3	8	»	»
Traits avec main-olive pour décrocheter les attelles à volonté, mêmes longueurs qu'avec boucleteaux	65	178	18	41
Feutres de boucleteaux de traits	12	33	18	41
Blanchets de boucleteaux de traits	9	25	18	41
Boucleteaux d'arrière-traits	10	28	18	41
Courroies d'attelles	24	66	8	18
Sellette petits quartiers, d'une pièce ou à batine, quartiers à poire, mêmes longr et largr	22	61	84	»

	LONGUEURS		LARGEURS	
	pouces.	centim.	lignes.	millim.
Sanglons de sellette	13	36	14	32
Dossière	37	103	18	41
Sanglons de porte-brancards, renforcés	24	67	14	32
Sous-Ventrière	22	61	28	65
Derrière de reculement	45	125	18	41
Petits Boucleteaux de reculement	5	14	11	25
Corps de croupière	23	64	22	50
Sanglons de croupière	37	103	13	30
Courroies de reculement	44	122	13	30
Barre de fesses à fourche ou séparée	46	127	22	50
Enchapure de culeron	3	8	11	25
Guides plates, mains jaunes, 8 mètres	»	»	10	22

HARNAIS EXTRA-FORT POUR TAPISSIÈRE OU OMNIBUS A UN CHEVAL

Toutes les pièces mêmes longueurs que celles du Harnais désigné ci-dessus, mais plus larges, comme suit :

	LARGEURS	
	lignes.	millim.
Bride et Guides coupées	11	25
Traits et Dossière coupés	20	48
Derrière de reculement coupé	22	50
Dessus de croupière	24	55
Barre de fesses	26	60
Courroies de reculement et Sanglons de croupière	14	32
Sellette petits quartiers, d'une pièce ou à batine, ou Sellette à pont	98	220

HARNAIS, ATTELAGE A DEUX, POUR TOUS CHEVAUX

	LONGUEURS		LARGEURS	
	pouces.	centim.	lignes.	millim.
Œillères de brides	6	17	72	165
Grands Montants	18	50	9	20
Petits Montants	11	30	»	»
Muserolles	22	61	»	»
Sous-Barbe	7	20	»	»
Sous-Gorge	18	50	»	»
Dessus de tête	22	61	»	»
Enchapures de dessus de tête	2½	7	6	14
Ronds d'œillères	12	33	»	»
Sanglons de porte-œillères	6	17	6	14
Porte-Œillères à fourche (pr brid' fines)	12	33	»	»
Plaques de dessus de tête (pr brid' fines)	7	20	»	»
Entre-Deux de panurges (pr brid' fines)	2½	7	»	»
Ronds de rênes	18	50	»	»
Sanglons de rênes	9	25	9	20
Ronds de grandes rênes	21	58	»	»
Plats de rênes	60	166	9	20
Colliers, moyenne grandeur	19	53	»	»
Attelles, plus longues que les colliers	1	3	»	»
Attelles à clavette, avec anneaux de chaînettes, plus longues que les colliers	3	8	»	»
Courroies d'attelles	22	61	7	16
Feutres de grands boucleteaux de carrosse	19	53	18	41
Blanchets de grands boucleteaux de carrosse	16	45	»	»

	LONGUEURS		LARGEURS	
	pouces.	centim.	lignes.	millim.
Petits Boucheteaux de mancelle	3½	9	12	27
Sanglons de sous-ventrières	14	38	12	27
Traits avec grands boucleteaux, ou Traits rivés aux attelles, même longueur	72	200	18	41
Boucleteaux d'arrière-traits	22	61	»	»
Chaînettes de timon	60	166	»	»
Mantelets, longr des quartiers	22	61	»	»
Sanglons de mancelles	8	22	12	27
— de mantelets	12	33	14	32
Sous-Ventrières	22	61	28	64
Derrières de reculements	108	300	16	37
Petits Boucleteaux de reculements	4	11	9	20
Corps de croupières	22	61	18	41
Sanglons de croupières	36	100	12	27
Barres de fesses coupées	44	122	18	41
Enchapures de culerons	2½	7	9	20
Guides italiennes, de la bouche des chevaux au siége, 8 mètres	»	»	10	22
Martingales	36	100	12	27
Surdos remplaçant les derrières de reculements	42	117	18	41
Porte-Traits, plaques vernies	5½	14	»	»
Surdos à poire, pr harnais fins	42	117	22	50
— à dessins —	42	117	24	55

HARNAIS, ATTELAGE A QUATRE CHEVAUX

Pour toutes les pièces, même désignation que pour l'attelage à deux, sauf les traits des chevaux de devant, qui sont à dard; pas de reculement, un surdos seulement; guides italiennes, longueur, toutes faites, 14 mètres.

HARNAIS, ATTELAGE A DEUX CHEVAUX, POUR PONEYS

	LONGUEURS		LARGEURS	
	pouces.	centim.	lignes.	millim.
Œillères de brides	5¼	15	66	150
Grands Montants	17	47	8	18
Petits Montants	10	27	»	»
Muserolles	21	58	»	»
Sous-Barbe	6	17	»	»
Sous-Gorge	18	50	»	»
Dessus de tête	21	58	»	»
Enchapures de dessus de tête	2	5¼	6	14
Ronds d'œillères	12	33	»	»
Sanglons de porte-œillères	6	17	6	14
Porte-Œillères à fourche (p^r brid^s fines)	12	33	»	»
Plaques de dessus de tête (p^r brid^s fines)	7	20	»	»
Entre-Deux de panurges (p^r brid^s fines)	2¼	7	»	»
Ronds de rênes	17	47	»	»
Sanglons de rênes	8	22	8	18
Ronds de grandes rênes	20	55	»	»
Plats de rênes	56	155	8	18
Colliers, moyenne grandeur	17	47	»	»
Attelles, plus longues que les colliers	1	3	»	»
Attelles à clavette, avec anneaux de chaînettes, plus longues que les colliers	3	8	»	»
Courroies d'attelles	22	61	7	16
Feutres de grands boucleteaux de carrosse	17	47	17	39
Blanchets de grands boucleteaux de carrosse	13	36	»	»
Petits Boucleteaux de mancelles	3	8	11	25
Sanglons de sous-ventrières	13	35	»	»
Traits avec grands boucleteaux, ou Traits rivés aux attelles, même longueur	68	189	17	39
Boucleteaux d'arrière-traits	19	53	»	»
Chaînettes de timon	56	155	»	»
Mantelets, long^r des quartiers	20	55	»	»
Sanglons de mancelles	7	20	11	25
— de mantelets	11	30	12	27
Sous-Ventrières	20	55	24	55
Derrières de reculements	104	289	15	35
Petits Boucleteaux de reculements	4	11	8	18
Corps de croupières	21	58	16	37
Sanglons de croupières	34	94	11	25
Barres de fesses coupées	41	114	16	37
Enchapures de culerons	2¼	7	8	18
Guides italiennes, de la bouche des chevaux au siége, 8 mètres	»	»	10	22
Martingales	34	94	11	25
Surdos remplaçant les derrières de reculements	40	111	16	37
Porte-Traits, plaques vernies	5	14	»	»
Surdos à poire p^r harnais fins	40	111	20	45
— à dessins —	40	111	22	50

HARNAIS, ATTELAGE A DEUX CHEVAUX, POUR PETITS PONEYS

	LONGUEURS		LARGEURS	
	pouces.	centim.	lignes.	millim.
Œillères de brides	5¼	15	66	150
Grands Montants	16	44	8	18
Petits Montants	9	25	8	»
Muserolles	20	55	»	»
Sous-Barbe	6	17	»	»
Sous-Gorge	16	44	»	»
Dessus de tête	20	55	»	»
Enchapures de dessus de tête	2	5¼	6	14
Ronds d'œillères	11	30	»	»
Sanglons de porte-œillères	5	14	6	14
Porte-Œillères à fourche (p^r brid^s fines)	11	30	6	14
Plaques de dessus de tête (p^r brid^s fines)	5¼	15	»	»
Entre-deux de panurges (p^r brid^s fines)	2¼	7	»	»
Ronds de rênes	16	44	»	»
Sanglons de rênes	7	20	8	18
Ronds de grandes rênes	19	53	»	»
Plats de rênes	52	144	8	18
Colliers, moyenne grandeur	15	41	»	»
Attelles, plus longues que les colliers	1	3	»	»
Attelles à clavette, plus longues que les colliers	3	8	»	»
Courroies d'attelles	21	58	7	16
Feutres de grands boucleteaux de carrosse	15	42	16	37
Blanchets de grands boucleteaux de carrosse	11	31	16	37
Petits Boucleteaux de mancelles	3	8	10	22
Sanglons de sous-ventrières	12	33	10	22
Traits avec grands boucleteaux, ou Traits rivés aux attelles, même longueur	64	175	16	37
Boucleteaux d'arrière-traits	17	47	»	»
Chaînettes de timon	52	139	»	»
Mantelets, longueur des quartiers	18	50	»	»
Sanglons de mancelles	7	20	10	22
— de mantelets	11	30	12	27
Sous-Ventrières	18	50	24	55
Derrières de reculements	98	272	15	35
Petits Boucleteaux de reculements	3	8	8	18
Corps de croupières	19	53	16	37
Sanglons de croupières	31	86	11	25
Barres de fesses coupées	39	108	16	37

HARNAIS, ATTELAGE A DEUX CHEVAUX, POUR PETITS PONEYS (suite).

	LONGUEURS		LARGEURS	
	pouces.	centim.	lignes.	millim.
Enchapures de culerons....	2	5¼	8	18
Guides italiennes, de la bouche des chevaux au siége, 8 mètres..............	»	»	9	20
Martingales..............	31	86	11	25
Surdos remplaçant les derrières de reculements.....	36	100	16	37
Porte-Traits, plaques vernies	5	14	»	»
Surdos à poire pr harnais fins	36	100	18	41
— à dessins —	36	100	20	45

HARNAIS, ATTELAGE A DEUX, POUR CHEVAUX CORSES

	LONGUEURS		LARGEURS	
	pouces.	centim.	lignes.	millim.
Œillères de brides.........	5¼	14¼	63	140
Grands Montants..........	16	44	8	18
Petits Montants...........	8	22	»	»
Muserolles...............	19	53	»	»
Sous-Barbe...............	6	17	»	»
Sous-Gorge...............	16	44	»	»
Dessus de tête............	19	53	»	»
Enchapures de dessus de tête	2	5¼	6	14
Ronds d'œillères..........	11	30	»	»
Sanglons de porte-œillères..	5	14	6	14
Porte-Œillères à fourche. (pr brides fines)	11	30	6	14
Plaques de dessus de tête. (pr brides fines)	5	14	»	»
Entre-Deux de panurges.. (pr brides fines)	2	5¼	»	»
Ronds de rênes...........	15	41	»	»
Sanglons de rênes.........	7	20	8	18
Ronds de grandes rênes....	18	50	»	»
Plats de rênes............	48	133	»	»
Colliers, moyenne grandeur.	13	36	»	»
Attelles, plus longues que les colliers................	1	3	»	»
Attelles à clavette, avec anneaux de chaînettes, plus longues que les colliers...	3	8	»	»
Courroies d'attelles........	20	55	7	16
Feutres de grands boucleteaux de carrosse............	13	36	15	35
Blanchets de grands boucleteaux de carrosse........	10	28	»	»
Petits Boucleteaux de mancelles..................	3	8	10	22
Sanglons de sous-ventrières.	12	30	10	22
Traits avec boucleteaux, ou Traits rivés aux attelles, même longueur.........	60	166	15	35
Boucleteaux d'arrière-traits.	16	44	»	»
Chaînettes de timon........	48	133	»	»
Mantelets, longr des quartiers	16	44	»	»
Sanglons de mancelles.....	6	17	10	22
— de mantelets......	11	30	12	27
Sous-Ventrières...........	16	44	24	55
Derrières de reculements...	92	255	14	32
Petits Boucleteaux de reculements..................	3	8	8	18
Corps de croupières........	17	47	16	37
Sanglons de croupières.....	28	78	10	22
Barres de fesses coupées....	36	100	16	37
Enchapures de culerons.....	2	5¼	8	18
Guides italiennes, de la bouche des chevaux au siége, 7 mètres..............	»	»	9	20
Martingales..............	28	78	10	22
Surdos, remplaçant les derrières de reculements.....	34	94	16	37
Porte-Traits, plaques vernies	5	14	»	»
Surdos à poire pr harnais fins	34	94	16	37
— à dessins —	34	94	18	41

HARNAIS A LA DAUMON, A QUATRE, POUR TOUS CHEVAUX

Pour toutes les pièces, mêmes longueurs que pour attelage à quatre chevaux, à l'exception de ces pièces : Les boucles à crampons de grands boucleteaux des chevaux de derrière ont un talon avec un œil qui reçoit le mousqueton des traits de devant; longueur des traits, 3 mètres 50 centimètres; la croupière qui correspond à la selle du cavalier, le corps n'a que 50 centimètres; le sanglon de croupière n'a que 60 centimètres; surdos ou barre de fesses, même longueur; bouts de rênes du porteur, 30 centimètres; plats de rênes, cuir jaune, en main du cavalier, longueur, 1 mètre 80 centimètres; le porteur, en place de rênes, une seule longe en cuir jaune de 2 mètres; les mantelets n'ont pas de clefs, mais des boules préparées, au besoin, pour recevoir les clefs, afin de pouvoir former attelage à grandes guides.

HARNAIS DE POSTE

Brides de mêmes longueur et largeur que la bride à Harnais pour tous chevaux; chaînettes également de même longueur que pour tous chevaux; poitrails ou bricoles; longueur de la boucle à crampon ou de l'anneau, 1 m. 35 c. ou 50 pouces; largeur, 95 mill. ou 42 lignes; traits en corde noire, se fixant à l'anneau de la bricole par une courroie qui les relie. L'anneau qui reçoit la chaînette, à partir du milieu de la bricole, doit être posé à 8 c. ou 3 pouces en dedans. Dessus de cou, 90 c. ou 32 pouces ½; mantelets tout en cuir, avec des demi-ronds aux extrémités, qui reçoivent chacun un double sanglon, l'un correspondant au boucleteau de la bricole et l'autre à la sangle qui maintient le mantelet, puis un des demi-ronds par derrière pour la croupière; les anneaux de guides mouvants et les crochets droits pour les rênes; derrières de reculements de même force que ceux pour harnais de fourgon; barres de

HARNAIS DE POSTE (suite).

fesses et courroies 12 lignes; les courroies se prenant dans le grand anneau de la bricole et venant se fixer à la boucle du derrière de recoulement; croupières du même genre que le Harnais pour tous chevaux. Habituellement, on ajoute à ces Harnais deux grelottières, garnies chacune de douze grelots, avec blaireau tout autour et trois queues de renards à chaque bride, soit grises ou blanches, ou teintes en toute autre couleur. Guides italiennes, de même dimension que pour Harnais pour tous chevaux.

Ce détail est le Harnais de poste que j'ai adopté. Aujourd'hui, il s'en fait de beaucoup d'autres genres; ainsi, j'en fais également avec mantelets à grande sangle, tôle à l'intérieur; puis à reculement, même genre que pour cabriolet, avec les courroies de la même longueur que celles pour reculement de fourgon. Si l'on adapte les boucles à crampon à la bricole, c'est pour y placer des traits en cuir.

HARNAIS POUR OMNIBUS OU FOURGON A DEUX CHEVAUX

	LONGUEURS		LARGEURS	
	pouces.	centim.	lignes.	millim.
Œillères	6	17	72	165
Grands Montants	18	50	9	20
Petits Montants	11	30	»	»
Muserolles	22	61	»	»
Sous-Barbe	8	22	»	»
Sous-Gorge	18	50	»	»
Dessus de tête	23	64	»	»
Enchapures de dessus de tête	2½	7	6	14
Ronds d'œillères	13	36	»	»
Sanglons de porte-œillères	6	17	6	14
Ronds de rênes	22	61	»	»
Sanglons de porte-rênes	9	25	9	20
Plats de rênes	66	184	9	20
Chaînettes	60	166	»	»
Colliers de tapissière, Colliers de mon système, à clavette; Colliers demi-artillerie, moyenne grandeur	19	53	»	»
Attelles renforcées, tirages à crochet ou à olive, pour décrocher les traits à volonté; plus longues que les colliers	1	3	»	»
Les mêmes, à clavette, pour colliers coupés, plus longues que les colliers	3	8	»	»
Courroies d'attelles	24	67	8	18
Traits avec mains olives, pour décrocheter du collier à volonté; à l'autre bout, un tourillon avec six mailles, pour raccourcir à volonté. Traits en deux parties, reliées par un anneau de 30 lignes; le devant ayant 50 c. de long et le derrière 1 m. 30 c., plus la longueur du tourillon des mailles, ce qui donne un total de 2 mètres	72	200	18	41
(L'anneau qui relie les traits remplace la boucle à crampon. Les boucleteaux de surdos et de sous-ventrière sont cousus à cet anneau.)				
Boucleteaux de surdos	5	14	16	37
Surdos	42	117	16	37
Sous-Ventrières	26	72	»	»
Sanglons de sous-ventrières	18	50	»	»
Derrières de reculements. En place de l'anneau, une boucle; la courroie de reculement cousue à l'extrémité du reculement; la courroie se prend dans les grands anneaux de traits et vient se fixer aux boucles de l'extrémité de reculement; longueur d'une boucle à l'autre, 1 m. 30 c.	48	133	18	41
Courroies, à partir de la boucle de reculement, dans toute leur longueur	45	125	13	30
Barres de fesses séparées, se croisant sous la passe de la croupière	44	122	12	27
Croupières cuir simple, correspondant aux sanglons adaptés aux colliers; à la fourche est un anneau qui reçoit les sanglons du culeron	37	103	24	45
(Le culeron est un cuir replié sur lui-même et faisant enclapure des boucles.)				
Boucleteaux de reculements	5	14	12	27
Guides italiennes, 8 mètres	»	»	10	22

(Voir le Tarif des Harnais désignés par numéros, pour chaque catégorie, correspondant aux longueurs et largeurs désignées ci-contre.)

HARNAIS POUR TOUS CHEVAUX POUR CABRIOLET

Harnais n° 1, désigné comme suit :

Harnais, collier cuir lisse, garrot rond, sellette cuir lisse, à petits quartiers, 5 ½ à 6 pouces, montée sur arçon, ferrure renforcée, ce qui fait la solidité de la sellette; bride, œillères vernies montées à fourreaux, boucleteaux de traits montés à fourreaux, toutes les autres pièces montées à passants; traits et dossière à quatre coutures du 10 au pouce, reculement à deux coutures du 10, le tout coupé en 9, 12, 18 lignes; guides en quatre longueurs, noires et jaunes, en 10 lignes; frontail bombé deux piqûres, cocardes un contour, garniture à jonc, attelles tirages à pointes, boucles à lyre, aux prix désignés ci-dessous.

Jonc verni.	Faux piqué.	Jonc cuivre.	Jonc plaqué argent.
85 »	90 »	95 »	100 »

Harnais n° 2, désigné comme suit :

Harnais, collier cuir lisse, garrot rond, jaune dedans; sellette lisse, à petits quartiers, 5 ½ à 6 pouces; bride, œillères vernies, muserolle doublée, bombée; toutes les pièces, sans exception, montées à fourreaux, avec garniture à jonc; attelles tirages à pointes, boucles à lyre, à talon, aux prix désignés ci-dessous.

Jonc verni, boucles à talon.	Faux piqué, boucles à talon.	Jonc cuivre, boucles à talon.	Jonc plaqué argent, boucles à talon.
90 »	95 »	100 »	105 »

Harnais n° 3, désigné comme suit :

Harnais, collier lisse, jaune dedans; garrot rond, sellette cuir lisse, à petits quartiers, 5 ½ à 6 pouces; tous les cuirs forts, coupés en 10, 12, 18 lignes; bride 9 lignes montée à fourreaux; muserolle doublée bombée; boucleteaux de traits montés à fourreaux, toutes les autres pièces montés à passants; traits et dossière à quatre coutures du 10 au pouce, porte-brancards avec sanglons doublés, cousus du 10; reculement deux piqûres, losanges de chaque côté du 10; frontail à dessins, cocardes contournées, garniture à jonc, attelles tirages à pointes, boucles à talon, aux prix désignés ci-dessous.

Jonc verni, boucles à talon.	Faux piqué, boucles à talon.	Jonc cuivre, boucles à talon.	Jonc plaqué argent, boucles à talon.	Jonc cuivre, boucles doubles.	Jonc plaqué argent, boucles doubles.
90 »	95 »	100 »	105 »	110 »	120 »

Harnais n° 4, désigné comme suit :

Harnais, collier cuir lisse, jaune dedans; garrot rond, sellette cuir lisse, à petits quartiers, 6 pouces; tous les cuirs forts, coupés en 10, 12, 18 lignes; bride en 9 lignes, muserolle doublée bombée, montée à fourreaux partout; traits et dossière à quatre coutures du 10 au pouce, reculement à deux coutures, avec losanges de chaque côté, du 10; sanglons de porte-brancards doublés, cousus du 10; frontail à dessins, cocardes un contour, avec un clou; garniture à jonc, attelles tirages à pointes, boucles à talon, aux prix désignés ci-dessous.

Jonc verni, boucles à talon.	Faux piqué, boucles à talon.	Jonc cuivre, boucles à talon.	Jonc plaqué argent, boucles à talon.	Jonc cuivre, boucles doubles.	Jonc plaqué argent, boucles doubles.
95 »	100 »	105 »	110 »	115 »	125 »

OBSERVATIONS SÉRIEUSES

Les Harnais n°s 1, 2, 3, 4, avec sellettes une pièce, supplément.......... 3 »
Toute sellette au-dessus de 6 pouces, supplément par pouce.......... 2 »
Tout collier coupé avec attelles à clavette, supplément.......... 2 »
Toute barre de fesses doublée bombée, en place de cuir simple, supplément.......... 3. 50
Les traits rivés aux attelles ne prennent pas de supplément.
Harnais n°s 2, 3, 4, avec reculement à la russe, platelonge droite coupée en 15 lignes, doublée bombée, supplément.......... 10 »

Harnais n° 5

Se rapportant aux harnais n°s 1, 2, 3, 4, avec collier en cuir verni, attelles enveloppées en cuir verni, sellettes à petits quartiers, 5 à 6 pouces, demi-vernis, supplément par chaque numéro de harnais seulement.......... 13 »

Par exemple : Le Harnais n° 1, garniture jonc verni, de 85 fr., avec le collier en cuir verni, les attelles enveloppées en cuir verni et sellette à petits quartiers, 5 à 6 pouces, demi-vernis, en tout 13 fr. à ajouter à 85 fr., ensemble.......... 98 »

Ainsi de suite pour les harnais n°s 2, 3, 4; n'importe la garniture que l'on préfère, c'est toujours 13 fr. à ajouter pour avoir le prix de revient.

Toute sellette d'une pièce demi-vernis, 5 à 6 pouces, supplément.......... 3 »

Toute sellette demi-vernis, au-dessus de 6 pouces, supplément par pouce.......... 2 »

Tous les harnais sont vendus sans le mors, qui se paye en plus, suivant votre choix; c'est l'habitude de tout fabricant, par le motif que pour un harnais de 85 fr., on exigerait un mors de 2 fr. et quelquefois plus. Mon bénéfice restreint ne me permet pas d'adapter aucune modification à ces prix.

Harnais n° 6, désigné comme suit :

Harnais demi-fin, collier verni, sellette vernie d'une pièce, 5 à 6 pouces; barre de fesses et muserolle doublée bombée, cousues du 12; reculement avec losanges, cousu du 12; tous les autres cuirs simples coupés en 9, 12, 18 lignes; traits et dossière plats, cousus du 10, montés à fourreaux plats partout; frontail quatre piqûres ou bien à clous, cocardes fines avec contour, un clou; garniture à jonc, attelles tirages à pointes, toutes les boucles à talon, aux prix désignés ci-dessous.

Jonc, à talon, verni.	Jonc, à talon, cuivre.	Jonc, à talon, plaqué argent.	Jonc, boucles doubles, cuivre.	Jonc, boucles doubles, plaqué argent.
115 »	125 »	134 »	135 »	150 »

Harnais, même désignation du n° 6, avec garniture à jonc, grandes bagues, attelles tirages à pointes, boucles à talon, aux prix désignés ci-dessous.

Jonc, grandes bagues, à talon, verni.	Jonc, grandes bagues, à talon, cuivre.	Jonc, grandes bagues, à talon, plaqué argent.	Jonc, grandes bagues, boucles doubles, cuivre.	Jonc, grdes bagues, boucl. doubles, plaqué argent.
118 »	130 »	140 »	140 »	160 »

Harnais, même désignation du n° 6, avec garniture méplate, attelles tirages à pointes, aux prix désignés ci-dessous.

Faux piqué verni, boucles à talon.	Méplat cuivre, boucles à talon.	Méplat plaqué argent, boucles à talon.	Méplat cuivre, boucles doubles.	Méplat plaqué argent, boucles doubles.
122 »	135 »	145 »	145 »	160 »

Harnais n° 7, désigné comme suit :

Harnais fin, collier verni, sellette vernie d'une pièce, 5 à 6 pouces; barre de fesses et corps de croupière doublés bombés du 12; reculement avec grands losanges, cousu du 12; œillères à trois rangs, panurges au dessus de tête, muserolle à losanges, cousue du 13; toutes les autres pièces noircies dessous, montées à fourreaux plats; frontail large quatre piqûres, garniture à jonc, attelles tirages à pointes, toutes les boucles à talon, aux prix désignés ci-dessous.

Jonc, à talon, verni.	Jonc, à talon, cuivre.	Jonc, à talon, plaqué argent.	Jonc cuivre, boucles doubles.	Jonc plaqué argent, boucles doubles.
125 »	135 »	145 »	145 »	160 »

Harnais, même désignation du n° 7, avec garniture à jonc, grandes bagues, attelles tirages larges, aux prix désignés ci-dessous.

Jonc, grandes bagues, à talon, verni.	Jonc, grandes bagues, à talon, cuivre.	Jonc, grandes bagues, à talon, plaqué argent.	Jonc, grandes bagues, boucles doubles, cuivre.	Jonc, grdes bagues, boucl. doubles, plaqué argent.
130 »	145 »	155 »	155 »	170 »

Harnais, même désignation du n° 7, avec garniture méplate, attelles tirages demi-larges, aux prix désignés ci-dessous.

Faux piqué verni.	Méplat, à talon, cuivre.	Méplat, à talon, plaqué argent.	Méplat, boucles doubles, cuivre.	Méplat, boucles doubles, plaqué argent.
135 »	150 »	160 »	160 »	175 »

Harnais n° 8, désigné comme suit :

Harnais surfin, collier verni, sellette vernie d'une pièce, deux rangs de piqûres, 5 à 6 pouces; bride, œillères trois rangs, panurges au dessus de tête, muserolle à grands losanges, cousue du 14; tous les cuirs doublés bombés, excepté les traits plats; dossière demi-bombée, sanglons du porte-brancards doublés plats, toutes les pièces montées à fourreaux bombés; guides simples noires ou jaunes en cuir fort, reculement à grands losanges de chaque côté, le tout cousu du 12 et 13 au pouce; frontail, très-jolies cocardes deux contours; garniture à jonc, attelles tirages à pointes, boucles à talon, aux prix désignés ci-dessous.

Jonc, à talon, verni.	Jonc, à talon, cuivre.	Jonc, à talon, plaqué argent.	Jonc cuivre, boucles doubles.	Jonc plaqué argent, boucles doubles.
130 »	140 »	150 »	150 »	165 »

Harnais, même désignation du n° 8, avec garniture à jonc, grandes bagues, attelles tirages demi-larges, aux prix désignés ci-dessous.

Jonc, grandes bagues, à talon, verni.	Jonc, grandes bagues, à talon, cuivre.	Jonc, grandes bagues, à talon, plaqué argent.	Jonc, grandes bagues, boucles doubles, cuivre.	Jonc, gr^des bagues, boucl. doubles, plaqué argent.
135 »	150 »	160 »	160 »	175 »

Harnais, même désignation du n° 8, avec garniture méplate, attelles tirages larges, aux prix désignés ci-dessous.

Faux piqué verni.	Méplat, boucles à talon, cuivre.	Méplat, boucles à talon, plaqué argent.	Méplat, boucles doubles, cuivre.	Méplat, boucles doubles, plaqué argent.
140 »	155 »	165 »	165 »	180 »

Harnais, même désignation du n° 8, avec garniture à ruban, moyenne largeur; attelles tirages larges, aux prix désignés ci-dessous.

Ruban, boucles à talon, cuivre.	Ruban, boucles à talon, plaqué argent.	Ruban, boucles doubles, cuivre.	Ruban, boucles doubles, plaqué argent.
165 »	180 »	175 »	195 »

Harnais, même désignation que ci-dessus, à ruban, à la russe, même prix.
Harnais, même désignation que ci-dessus, à ruban, à boules, supplément.............. 4 »

Harnais, même désignation du n° 8, avec garniture dos d'âne à biseaux, attelles tirages larges, aux prix désignés ci-dessous.

Dos d'âne à biseaux, boucles à talon, cuivre.	Dos d'âne à biseaux, boucles à talon, plaqué argent.	Dos d'âne à biseaux, boucles doubles, cuivre.	Dos d'âne à biseaux, boucles doubles, plaqué argent.
170 »	185 »	180 »	200 »

Harnais n° 9, désigné comme suit :

Harnais extra-fin, collier verni avec ceinture, sellette vernie d'une pièce, trois rangs de piqûres dans le haut, tous les cuirs doublés bombés, sans exception; muserolle et derrière de reculement à quatre piqûres, barre de fesses à dessins, avec grands losanges; le tout cousu du 12, 13 et 14 au pouce; œillères à trois rangs, panurges au dessus de tête, toutes les pièces montées à fourreaux bombés, finies à la main; un joli frontail, soit à baguette, à clous ou à quatre piqûres; de belles cocardes en rapport au frontail, les guides plates, extra-fortes, jaunes ou noires; garniture à jonc, grandes bagues, tirages des attelles larges, boucles à talon, aux prix désignés ci-dessous.

Jonc, grandes bagues, boucles à talon, verni.	Jonc, grandes bagues, boucles à talon, cuivre.	Jonc, gr^des bagues, boucl. à talon, plaqué argent.	Jonc, grandes bagues, boucles doubles, cuivre.	Jonc, gr^des bagues, boucl. doubles, plaqué argent.
145 »	165 »	175 »	175 »	190 »

Harnais, même désignation du n° 9, avec garniture méplate, attelles à tirages larges, aux prix désignés ci-dessous.

Faux piqué verni.	Méplat, boucles à talon, cuivre.	Méplat, boucles à talon, plaqué argent.	Méplat, boucles doubles, cuivre.	Méplat, boucles doubles, plaqué argent.
150 »	170 »	180 »	180 »	195 »

Harnais, même désignation du n° 9, avec garniture à ruban, attelles à tirages larges, aux prix désignés ci-dessous.

Ruban, boucles à talon, cuivre.	Ruban, boucles à talon, plaqué argent.	Ruban, boucles doubles, cuivre.	Ruban, boucles doubles, plaqué argent.
180 »	195 »	190 »	200 »

Harnais n° 9, avec garniture à ruban, à la russe, même prix que la garniture désignée ci-dessus.
Harnais n° 9, avec garniture à ruban, à boules, supplément de la garniture à ruban...... 4 »

Harnais, même désignation du n° 9, avec garniture dos d'âne à biseaux, attelles à tirages larges, aux prix désignés ci-dessous.

Dos d'âne à biseaux, boucles à talon, cuivre.	Dos d'âne à biseaux, boucles à talon, plaqué argent.	Dos d'âne à biseaux, boucles doubles, cuivre.	Dos d'âne à biseaux, boucles doubles, plaqué argent.
185 »	200 »	195 »	215 »

Harnais n° 9, avec garniture dos d'âne, mêmes prix que la garniture dos d'âne à biseaux désignée ci-dessus.

Harnais, même désignation du n° 9, avec garniture toute enveloppée, sans exception, au prix désigné ci-après........ 195 »

Harnais, même désignation du n° 9, avec garniture en bronze aluminium imitant l'or et à ruban, au prix désigné ci-après........ 250 »

OBSERVATIONS

Toutes attelles à tirages à jour, en remplacement d'attelles tirages larges, prennent un supplément, par harnais, de........ 4 »

Toutes attelles tirages à olives, en remplacement de tirages larges, supplément........ 5 »

Harnais n° 10, désigné comme suit :

Harnais extra-riche, collier riche, verge recouverte tout en vernis, à jonc, avec ceinture doublée bombée ; sellette riche vernie d'une pièce, quartiers chassant en avant, à trois rangs de piqûres partout ; panneaux panne rouge ou bleue au choix, tous les cuirs doublés bombés, sans exception, à quatre coutures ; barre de fesses à grands dessins, muserolle avec anneaux, panurge à crochet, guides plates extra-fortes, noires, mains jaunes, le tout cousu du 13, 14 et 15 au pouce ; toutes les pièces montées à fourreaux bombés, finis à la main, et tous cousus à points voyants ; un joli frontail riche. En un mot, l'ensemble de cette fabrication ne laisse rien à désirer. Garniture à jonc, grandes bagues, attelles tirages à jour, aux prix désignés ci-dessous.

Jonc, grandes bagues, boucles à talon, attelles à jour, cuivre.	Jonc, grandes bagues, boucles a talon, attelles à jour, plaqué argent.	Jonc, grandes bagues, boucles doubles, attelles à jour, cuivre.	Jonc, grandes bagues, boucles doubles, attelles à jour, plaqué argent.
210 »	220 »	220 »	235 »

Harnais, même désignation du n° 10, avec garniture méplate, attelles tirages à jour, aux prix désignés ci-dessous.

Méplat, attelles à jour, cuivre.	Méplat, attelles à jour, plaqué argent.	Méplat, attelles à jour, boucles doubles, cuivre.	Méplat, attelles à jour, boucles doubles, plaqué argent.
215 »	225 »	225 »	240 »

Harnais, même désignation du n° 10, avec garniture à ruban large, attelles tirages à jour, aux prix désignés ci-dessous.

Ruban, cuivre, attelles à jour.	Ruban, plaqué argent, attelles à jour.	Ruban, cuivre, boucles doubles, attelles à jour	Ruban, plaqué argent, boucles doubles. attelles à jour.
225 »	240 »	235 »	245 »

Harnais n° 10, avec garniture à ruban, à la russe, mêmes prix que la garniture à ruban désignée ci-dessus.

Harnais n° 10, avec garniture à ruban, à boules, supplément à la garniture à ruban...... 4 »

Harnais, même désignation du n° 10, avec garniture à dos d'âne à biseaux, attelles tirages à jour, aux prix désignés ci-dessous.

Dos d'âne à biseaux, cuivre, attelles à jour.	Dos d'âne à biseaux, plaqué argent, attelles à jour.	Dos d'âne à biseaux, cuivre, boucles doubles, attelles à jour.	Dos d'âne à biseaux, plaqué argent, boucles doubles, attelles à jour
230 »	245 »	240 »	260 »

Harnais n° 10, avec garniture dos d'âne, mêmes prix que la garniture à dos d'âne à biseaux, désignée ci-dessus.

Harnais, même désignation du n° 10 désigné ci-dessus, avec garniture tout enveloppée, sans exception, au prix désigné ci-après........ 240 »

Harnais, même désignation du n° 10 désigné ci-dessus, avec garniture en bronze aluminium imitant l'or, à ruban large, au prix désigné ci-après........ 295 »

OBSERVATIONS INTÉRESSANTES

Tout harnais avec garniture enveloppée et contournée soit cuivre ou maillechort, les pièces suivantes au prix de par pièce et non par paire, clefs, panurges, anneaux de reculement..... 1 »
Crochet de sellette, boucles de traits, boucles de porte-brancards, la pièce............ 2 »

Tous les harnais avec des garnitures soit à jonc verni, soit faux piqué verni, avec les pièces suivantes contournées en cuivre ou maillechort, telles que panurges, anneaux d'attelles, coulants d'attelles, garniture de sellette, anneaux de reculement, boucles de traits, boucles de porte-brancards, supplément par pièce et non la paire.. » 65

Harnais n°s 6, 7, 8, 9, 10, avec reculement à la fermière, la barre de ce genre de reculement est un surdos réduit en 12 lignes, remplaçant la barre à fourche par des anneaux à pattes, pas de changement de prix.

Harnais n°s 1, 2, 3, 4, 5, 6, 7, 8, 9, 10, faits en cuir de Hongrie Pont-Audemer très-blanc, en remplacement du cuir demi-façon ou chair propre, pas de changement de prix.

Harnais, sans distinction, traits rivés aux attelles, pas de changement de prix.

Harnais, les grosses pièces soit en cuivre, soit plaqué argent ou aluminium, se composent des attelles, garniture de sellette, porte-brancards, anneaux de reculement, panurges et boucles de traits; le reste avec petites boucles à lyres vernies ou en faux piqué, en remplacement des petites boucles, soit cuivre, soit plaqué argent ou aluminium. Je vous tiendrai compte de la différence, suivant la valeur des petites boucles qui font partie des grosses pièces qui composent la garniture que vous préférez, des harnais en général.

OBSERVATIONS ÉVITANT TOUTES SURPRISES

Harnais n°s 6, 7, 8, 9, 10, avec reculement à platelonge correspondant aux brancards, connu sous le nom de reculement à la russe, soit avec reculement boucles à crampons ou anneaux à passe, ou bien avec passe à la platelonge au choix, supplément.. 10 »

Harnais, sans exception, avec guides rondes en place de guides plates, supplément....... 5 »

Harnais, sans exception, avec guides doublées, mains simples, bouts piqués, en place de guides plates.. 10 »

Harnais, sans exception, avec guides doublées bombées, en place de guides plates, supplément.. 17 »

Harnais n°s 6, 7, 8, 9, 10, faits en buffle bien poncé ou bien en cuir jaune d'un beau bruni, en remplacement du cuir demi-façon ou chaire propre; le buffle et le cuir bruni sont plus chers et demandent beaucoup d'attention; supplément.. 10 »

ACCESSOIRES D'OBJETS FANTAISIE RICHE

Harnais n°s 8, 9, 10, avec frontail à chaîne, supplément du harnais.................... 4 »

Harnais avec porte-rênes ou panurges à chaîne impératrice, en cuivre, supplément du harnais.. 4 »

Harnais avec porte-rênes ou panurges à chaine impératrice, maillechort argenté, supplément du harnais.. 7 50

Harnais avec porte-rênes et porte-guides à chaîne impériale, cuivre, supplément du harnais.. 12 »

Harnais avec porte-rênes et porte-guides à chaîne impériale, maillechort argenté, supplément du harnais.. 16 »

Toutes initiales, lettres entrelacées, ciselées, la pièce posée.............................. 2 50

Toutes couronnes indistinctement, ciselées, la pièce posée...................... 1 25 à 1 75

Harnais n°s 6, 7, 8, 9, avec attelles tirages à jour, en remplacement d'attelles tirages demi-larges ou larges, supplément par harnais.. 4 »

Harnais n°s 7, 8, 9, 10, attelles plaquées en plein cuivre, en remplacement des attelles demi-larges ou larges, plaquées à distance, supplément.. 10 »

Les mêmes harnais, avec attelles plaquées en plein argent, supplément................ 12 »

Les mêmes harnais, avec attelles plaquées en plein maillechort, supplément............ 12 »

Tout harnais, sans exception, avec attelles tirages de mon système, qui facilite l'enlèvement des traits à volonté et qui supprime la chape des traits rivés aux attelles, supplément........ 3 »

Tout harnais avec attelles, tirages à olives, facilitant l'enlèvement des traits avec moins d'olives, supplément par harnais.. 4 50

Tout harnais de cabriolet, sans exception, avec garniture en maillechort, pour les prix, voir les prix des garnitures plaquées argent et maillechort, page 10, pour établir la différence, soit en plus, soit en moins.

Mon maillechort est le plus beau qui existe.

OBSERVATIONS

Les harnais à un cheval, pour poney, petit poney, corse ou tarbe, leurs désignations sont de même indiquées par numéros, comme pour tous chevaux, à l'exception de trois numéros que j'ai supprimés, sont les n°s 3, 4 et 10. Les n°s 3, 4 et 10, pour tous chevaux, désignés harnais tous les cuirs forts, inutiles pour de petits chevaux qui, en général, ne font pas un travail pénible. Le n° 10 pour tous chevaux, désigné harnais riche, s'il vous plaît de me le commander, je vous le ferai exactement à la désignation du n° 10, pour tous chevaux et aux dimensions des longueurs et largeurs, soit pour poney, petit poney, corse ou tarbe, avec modifications de prix proportionnées aux harnais que vous m'indiquerez.

Ainsi, comme je vous le dis plus haut, à l'exception des n°s 3, 4 et 10, je vous donne les mêmes désignations que pour tous chevaux, et conformes aux tableaux des longueurs et largeurs, données par ligne, pouce et pied, correspondant aux mesures métriques millimètre, centimètre et mètre.

HARNAIS A UN CHEVAL POUR PONEY

Prix général des Harnais pour poney désignés par n°s 1 et 2; je passe aux n°s 5, 6, 7, 8 et 9.

Voir le tableau des longueurs et largeurs, page 5.

Harnais, n° 1, désigné comme suit :

Harnais, collier lisse, garrot rond; sellette cuir lisse, à petits quartiers, 5 pouces, montée sur arçon, ferrure renforcée, ce qui fait la solidité de la sellette; bride, œillères vernies montées à fourreaux, boucleteaux de traits montés à fourreaux, toutes les autres pièces montées à passants; traits et dossière cousus à quatre coutures du 10 au pouce, reculement à deux coutures du 10, le tout coupé en 8, 11 et 17 lignes; barres de fesses en 9 lignes, guides simples, noires et jaunes, 10 lignes; frontail bombé deux piqûres, cocardes un contour, garniture à jour, attelles à tirages à pointes, aux prix désignés ci-dessous.

Jonc verni.	Faux piqué.	Jonc cuivre.	Jonc plaqué argent.
80 »	85 »	90 »	95 »

Harnais n° 2, désigné comme suit :

Harnais, collier lisse, garrot rond, jaune dedans; sellette lisse à petits quartiers, 5 pouces; bride, œillères vernies, muserolle doublée bombée, toutes les pièces montées à fourreaux, avec garniture à jour; attelles à pointes, petites boucles à lyre à talon, aux prix désignés ci-dessous.

Jonc verni, boucles à talon.	Faux piqué, boucles à talon.	Jonc cuivre, boucles à talon.	Jonc plaqué argent, boucles à talon.
85 »	90 »	95 »	100 »

OBSERVATION SÉRIEUSE

Les harnais n°s 1, 2, avec collier en cuir verni, attelles enveloppées en cuir verni, sellette à petits quartiers demi-vernie, 5 pouces, fait un supplément, par chaque numéro de harnais, de même que les harnais pour tous chevaux, de........ 12 »

Ce changement fait le harnais n° 5, comme pour tous chevaux.

Harnais n° 6, désigné comme suit :

Harnais demi-fin, collier verni, sellette vernie d'une pièce, 5 pouces; barre de fesses, 9 lignes, doublée bombée, cousue du 12; reculement avec losanges, cousu du 12; tous les autres cuirs simples coupés en 8, 11 et 17 lignes; traits et dossière plats, cousus du 10, montés à fourreaux plats; frontail quatre piqûres ou bien à clous, cocardes fines à contour et clous, garniture à jonc, attelles tirages à pointes, toutes les boucles à talon, aux prix désignés ci-dessous.

Jonc, boucles à talon, verni.	Jonc, boucles à talon, cuivre.	Jonc, boucles à talon, plaqué argent.	Jonc, boucles doubles, cuivre.	Jonc, boucles doubles, plaqué argent.
110 »	120 »	129 »	130 »	145 »

Harnais, même désignation du n° 6, avec garniture à jonc, grandes bagues, attelles tirages à pointes, boucles à talon, aux prix désignés ci-dessous.

Jonc, grandes bagues, à talon, verni.	Jonc, grandes bagues, à talon, cuivre.	Jonc, grandes bagues, à talon, plaqué argent.	Jonc, grandes bagues, boucles doubles, cuivre.	Jonc, gr^des^ bagues, boucl. doubles, plaqué argent.
113 »	125 »	135 »	135 »	155 »

Harnais, même désignation du n° 6, avec garniture méplate, attelles tirages à pointes, aux prix désignés ci-dessous.

Faux piqué verni, boucles à talon.	Méplat cuivre, boucles à talon.	Méplat plaqué argent, boucles à talon,	Méplat cuivre, boucles doubles,	Méplat plaqué argent. boucles doubles.
117 »	130 »	140 »	140 »	155 »

Harnais n° 7, désigné comme suit :

Harnais fin, collier verni, sellette vernie d'une pièce, 5 pouces ; barre de fesses, 9 lignes, et corps de croupière doublés bombés, cousus du 12 ; reculement avec grands losanges, cousu du 12 ; œillères vernies, trois rangs ; panurges au dessus de tête, muserolle à losanges, cousue du 13 ; tous les autres cuirs simples noircis dessous, montés à fourreaux plats ; frontail large quatre piqûres, cocardes contournées à clous, garniture à jonc ; attelles tirages à pointes, toutes les boucles à talon, aux prix désignés ci-dessous.

Jonc, boucles à talon, verni.	Jonc, boucles à talon, cuivre.	Jonc, boucles à talon, plaqué argent.	Jonc, boucles doubles, cuivre.	Jonc, boucles doubles, plaqué argent.
120 »	130 »	140 »	140 »	155 »

Harnais, même désignation du n° 7, avec garniture à jonc, grandes bagues, attelles tirages demi-larges, toutes les boucles à talon, aux prix désignés ci-dessous.

Jonc, grandes bagues, à talon, verni.	Jonc, grandes bagues, à talon, cuivre.	Jonc, grandes bagues, à talon, plaqué argent.	Jonc, grandes bagues, boucles doubles, cuivre.	Jonc, grdes bagues, boucl. doubles, plaqué argent.
125 »	140 »	150 »	150 »	165 »

Harnais, même désignation du n° 7, avec garniture méplate, attelles tirages demi-larges, toutes les boucles à talon, aux prix désignés ci-dessous.

Faux piqué, à talon, verni.	Méplat, à talon, cuivre.	Méplat, à talon, plaqué argent.	Méplat, boucles doubles, cuivre.	Méplat, boucles doubles, plaqué argent.
130 »	145 »	155 »	155 »	170 »

Harnais n° 8, désigné comme suit :

Harnais surfin, collier vernis, sellette vernie d'une pièce, 5 pouces, deux rangs de piqûres ; bride, œillères vernies trois piqûres, panurges au dessus de tête, muserolle à grands losanges, cousue du 14 ; tous les cuirs doublés bombés, excepté les traits plats ; dossière demi-bombée, sanglons de porte-brancards doublés plats, montés à fourreaux bombés ; guides simples, noires ou jaunes, 10 lignes ; reculement à grands losanges de chaque côté, le tout cousu du 12-13 au pouce, largeurs en 8, 11, 18 lignes ; barre, 9 lignes ; frontail, très-jolies cocardes deux contours, garniture à jonc, attelles tirages à pointes, boucles à talon, aux prix désignés ci-dessous.

Jonc, à talon, verni.	Jonc, à talon, cuivre.	Jonc, à talon, plaqué argent.	Jonc, boucles doubles, cuivre.	Jonc, boucles doubles, plaqué argent.
125 »	135 »	145 »	145 »	160 »

Harnais, même désignation du n° 8, avec garniture à jonc, grandes bagues, attelles tirages demi-larges, aux prix désignés ci-dessous.

Jonc, grandes bagues, à talon, verni.	Jonc, grandes bagues, à talon, cuivre.	Jonc, grandes bagues, à talon, plaqué argent.	Jonc, grandes bagues, boucles doubles, cuivre.	Jonc, grdes bagues, boucl. doubles, plaqué argent.
130 »	145 »	155 »	155 »	170 »

Harnais, même désignation du n° 8, avec garniture méplate, attelles tirages larges, boucles à talon, aux prix désignés ci-dessous.

Faux piqué, à talon, verni.	Méplat, à talon, cuivre.	Méplat, à talon, plaqué argent.	Méplat, boucles doubles, cuivre.	Méplat, boucles doubles, plaqué argent.
135 »	150 »	160 »	160 »	175 »

Harnais, même désignation du n° 8, avec garniture à ruban, moyenne largeur, attelles tirages larges, boucles à talon, aux prix désignés ci-dessous.

Ruban, à talon, cuivre.	Ruban, à talon, plaqué argent.	Ruban, boucles doubles, cuivre.	Ruban, boucles doubles, plaqué argent.
160 »	175 »	170 »	190 »

Harnais, même désignation, avec garniture à ruban, à la russe, même prix.
Harnais, même désignation, avec garniture à ruban, à boules, supplément.............. 4

Harnais, même désignation du n° 8, avec garniture dos d'âne à biseaux, attelles tirages larges, boucles à talon, aux prix désignés ci-dessous.

Dos d'âne à biseaux, à talon, cuivre.	Dos d'âne à biseaux, à talon, plaqué argent.	Dos d'âne à biseaux, boucles doubles, cuivre.	Dos d'âne à biseaux, boucles doubles, plaqué argent.
165 »	180 »	175 »	195 »

Harnais n° 9, désigné comme suit :

Harnais extra-fin, collier verni, avec ceinture; sellette vernie d'une pièce, trois rangs de piqûres dans le haut, 5 pouces; tous les cuirs doublés, bombés, sans exception; muserolle et derrière de reculement à quatre piqûres, barre de fesses à dessins, avec grands losanges; le tout cousu du 12, 13 et 14, au pouce; œillères à trois rangs de piqûres, panurges au dessus de tête; toutes les pièces montées à fourreaux bombés, finis à la main; un joli frontail à baguette ou à clous ou à quatre piqûres, de belles cocardes en rapport au frontail, les guides plates, extra-fortes, noires ou jaunes; garniture à jonc, grandes bagues, attelles tirages larges, boucles à talon, aux prix désignés ci-dessous :

Jonc, grandes bagues, à talon, verni.	Jonc, grandes bagues, à talon, cuivre.	Jonc, grandes bagues, à talon, plaqué argent.	Jonc, grandes bagues, boucles doubles, cuivre.	Jonc, grdes bagues, boucl. doubles, plaqué argent.
140 »	160 »	170 »	170 »	185 »

Harnais, même désignation du n° 9, avec garniture méplate, attelles tirages larges, boucles à talon, aux prix désignés ci-dessous.

Faux piqué, à talon, verni.	Méplat, à talon, cuivre.	Méplat, à talon, plaqué argent.	Méplat, boucles doubles, cuivre.	Méplat, boucles doubles, plaqué argent.
145 »	165 »	175 »	175 »	190 »

Harnais, même désignation du n° 9, avec garniture à ruban, moyenne largeur, attelles tirages larges, boucles à talon, aux prix désignés ci-dessous.

Ruban, à talon, cuivre.	Ruban, à talon, plaqué argent.	Ruban, boucles doubles, cuivre.	Ruban, boucles doubles, plaqué argent.
175 »	190 »	185 »	195 »

Harnais n° 9, avec garniture à ruban, à la russe, mêmes prix que la garniture à ruban désignée ci-dessus.

Harnais n° 9, avec garniture à ruban, à boules, supplément........................ 4 »

Harnais, même désignation du n° 9, avec garniture à dos d'âne à biseaux, attelles tirages larges, boucles à talon, aux prix désignés ci-dessous.

Dos d'âne à biseaux, à talon, cuivre.	Dos d'âne à biseaux, à talon, plaqué argent.	Dos d'âne à biseaux, boucles doubles, cuivre.	Dos d'âne à biseaux, boucles doubles, plaqué argent.
180 »	195 »	190 »	210 »

Harnais n° 9, avec garniture dos d'âne, mêmes prix que la garniture dos d'âne à biseaux désignée ci-dessus.

Harnais, même désignation du n° 9, avec garniture toute enveloppée, sans exception, au prix désigné ci-après........................ 190 »

Harnais, même désignation du n° 9, avec garniture à ruban en bronze aluminium imitant l'or, au prix désigné ci-après........................ 245 »

HARNAIS A UN CHEVAL POUR PETIT PONEY

Prix général des Harnais pour petit poney désignés par nos 1 et 2; je passe aux nos 5, 6, 7, 8 et 9.

Voir le tableau des longueurs et largeurs, page 4.

Harnais n° 1, désigné comme suit :

Harnais, collier lisse, garrot rond; sellette cuir lisse à petits quartiers, 4 pouces ½, montée sur arçon, ferrure renforcée, ce qui fait la solidité de la sellette; bride, œillères vernies montées à fourreaux; boucleteaux de traits montés à fourreaux, toutes les autres pièces montées à passants; traits et dossière cousus à quatre coutures du 10 au pouce, reculement cousu à deux coutures du 10, le tout coupé en 8,

11 et 16 lignes; guides noires et jaunes, quatre longueurs; frontail bombé deux piqûres, cocardes un contour; garniture à jonc, attelles tirages à pointe, aux prix désignés ci-dessous.

Jonc verni.	Faux piqué.	Jonc cuivre.	Jonc plaqué argent.
75 »	80 »	85 »	90 »

Harnais n° 2, désigné comme suit :

Harnais, collier lisse, garrot rond, jaune dedans; sellette cuir lisse à petits quartiers, 4 pouces ½, bride, œillères vernies, muserolle doublée bombée; toutes les pièces montées à fourreaux; garniture à jonc, attelles tirages à pointes, petites boucles à lyre à talon, aux prix désignés ci-dessous.

Jonc verni, à talon.	Faux piqué, à talon.	Jonc cuivre, à talon.	Jonc plaqué argent, à talon.
80 »	85 »	90 »	95 »

OBSERVATION SÉRIEUSE

Les harnais nos 1, 2, avec collier en cuir verni, attelles enveloppées en cuir verni, sellette à petits quartiers, demi-vernie, 4 pouces ½, fait un supplément, par chaque numéro de harnais, de même que pour les harnais pour tous chevaux, de.. 11 »

Ce changement fait le harnais n° 5 comme pour tous chevaux.

Harnais n° 6, désigné comme suit :

Harnais demi-fin, collier verni, sellette vernie d'une pièce, 4 pouces ½; barre de fesses et muserolle doublées bombées, cousues du 12; reculement avec losanges, cousu du 12; tous les autres cuirs simples, coupés en 8, 11, 16 lignes; traits et dossière plats, cousus du 10; toutes les pièces montées à fourreaux; frontail quatre piqûres ou bien à clous, cocardes fines avec contour et clous; garniture à jonc, attelles tirages à pointes, toutes les petites boucles à talon, aux prix désignés ci-dessous.

Jonc verni, à talon.	Jonc cuivre, à talon.	Jonc plaqué argent, à talon.	Jonc cuivre, boucles doubles.	Jonc plaqué argent, boucles doubles.
105 »	115 »	124 »	125 »	140 »

Harnais, même fabrication du n° 6, garniture à jonc, grandes bagues, attelles tirages à pointes, boucles à talon, aux prix désignés ci-dessous.

Jonc, grandes bagues, à talon, verni.	Jonc, grandes bagues, à talon, cuivre.	Jonc, grandes bagues, à talon, plaqué argent.	Jonc, grandes bagues, boucles doubles, cuivre.	Jonc, grdes bagues, boucl. doubles, plaqué argent.
108 »	120 »	130 »	130 »	150 »

Harnais, même fabrication du n° 6, garniture méplate, attelles tirages à pointes, boucles à talon, aux prix désignés ci-dessous.

Faux piqué, à talon, verni.	Méplat, à talon, cuivre.	Méplat, à talon, plaqué argent.	Méplat, boucles doubles, cuivre.	Méplat, boucles doubles, plaqué argent.
112 »	125 »	135 »	135 »	150 »

Harnais n° 7, désigné comme suit :

Harnais fin, collier verni, sellette vernie d'une pièce, 4 pouces ½; barre de fesses et corps de croupière doublés bombés du 12; reculement avec grands losanges, cousu du 12; œillères à trois rangs, panurges au dessus de tête, muserolle à losanges, cousue du 13; toutes les autres pièces cuir simple noirci dessous, montées à fourreaux; frontail quatre piqûres, garniture à jonc, attelles tirages à pointes, toutes les boucles à talon, aux prix désignés ci-dessous.

Jonc verni, à talon.	Jonc cuivre, à talon.	Jonc plaqué argent, à talon.	Jonc cuivre, boucles doubles.	Jonc plaqué argent, boucles doubles.
115 »	125 »	135 »	135 »	150 »

Harnais, même fabrication du n° 7, garniture à jonc, grandes bagues, attelles tirages demi-larges, toutes les boucles à talons, aux prix désignés ci-dessous.

Jonc, grandes bagues, à talon, verni.	Jonc, grandes bagues, à talon, cuivre.	Jonc, grandes bagues, à talon, plaqué argent.	Jonc, grandes bagues, boucles doubles, cuivre.	Jonc, grdes bagues, boucl. doubles, plaqué argent.
120 »	135 »	145 »	145 »	160 »

Harnais, même fabrication du n° 7, garniture méplate, attelles tirages demi-larges, toutes les boucles à talon, aux prix désignés ci-dessous.

Faux piqué, à talon, verni.	Méplat, à talon, cuivre.	Méplat, à talon, plaqué argent.	Méplat, boucles doubles, cuivre.	Méplat, boucles doubles, plaqué argent.
125 »	140 »	150 »	150 »	165 »

Harnais n° 8, désigné comme suit :

Harnais surfin, collier verni, sellette vernie d'une pièce, 4 pouces ¼, deux rangs de piqûres; bride, œillères trois rangs, panurges au dessus de tête, muserolle à grands losanges du 14; tous les cuirs doublés bombés, excepté les traits plats; dossière demi-bombée, sanglons de porte-brancards doublés plats, reculement à grands losanges de chaque côté; le tout cousu du 12 et 13 au pouce, monté à fourreaux bombés; guides simples, noires ou jaunes, en cuir fort; frontail très-joli, avec cocardes deux contours; garniture à jonc, attelles tirages à pointes, boucles à talon, aux prix désignés ci-dessous.

Jonc verni, à talon.	Jonc cuivre. à talon.	Jonc plaqué argent, à talon.	Jonc cuivre, boucles doubles.	Jonc plaqué argent, boucles doubles.
120 »	130 »	140 »	140 »	155 »

Harnais, même fabrication du n° 8, garniture à jonc, grandes bagues, attelles tirages demi-larges, boucles à talon, aux prix désignés ci-dessous.

Jonc, grandes bagues, à talon, verni.	Jonc, grandes bagues, à talon, cuivre.	Jonc, grandes bagues, à talon, plaqué argent.	Jonc, grandes bagues, boucles doubles, cuivre.	Jonc, gr^des bagues, boucl. doubles, plaqué argent.
125 »	140 »	150 »	150 »	165 »

Harnais, même fabrication du n° 8, garniture méplate, attelles tirages larges, boucles à talon, aux prix désignés ci-dessous.

Faux piqué, à talon, verni.	Méplat, à talon, cuivre.	Méplat, à talon, plaqué argent.	Méplat, boucles doubles, cuivre.	Méplat, boucles doubles, plaqué argent.
130 »	145 »	155 »	155 »	170 »

Harnais, même fabrication du n° 8, garniture à ruban, moyenne largeur, attelles tirages larges, boucles à talon, aux prix désignés ci-dessous.

Ruban, à talon, cuivre.	Ruban, à talon, plaqué argent.	Ruban, boucles doubles, cuivre.	Ruban, boucles doubles, plaqué argent.
155 »	170 »	165 »	185 »

Harnais, même fabrication, avec garniture à ruban, à la russe, mêmes prix que la garniture à ruban, moyenne largeur, désignée ci-dessus.

Harnais, même fabrication du n° 8, avec garniture à ruban, à boules, supplément........ 4 »

Harnais, même fabrication du n° 8, garniture dos d'âne à biseaux, attelles tirages larges, boucles à talon, aux prix désignés ci-dessous.

Dos d'âne à biseaux, à talon, cuivre.	Dos d'âne à biseaux, à talon, plaqué argent.	Dos d'âne à biseaux, boucles doubles, cuivre.	Dos d'âne à biseaux, boucles doubles, plaqué argent.
160 »	175 »	170 »	190 »

Harnais n° 9, désigné comme suit :

Harnais extra-fin, collier verni avec ceinture; sellette vernie d'une pièce, trois rangs de piqûres dans le haut; tous les cuirs doublés bombés, sans exception; muserolle et derrière de reculement à quatre piqûres; barre de fesses à dessins, avec grands losanges; le tout cousu du 12, 13 et 14 au pouce; œillères à trois rangs, panurges au dessus de tête; toutes les pièces montées à fourreaux bombés, finis à la main; un joli frontail, soit à baguette, à clous ou à quatre piqûres; cocardes en rapport au frontail, guides plates, extra-fortes, jaunes ou noires; garniture à jonc, grandes bagues, attelles tirages larges, boucles à talon, aux prix désignés ci-dessous.

Jonc, grandes bagues, à talon, verni.	Jonc, grandes bagues, à talon, cuivre.	Jonc, grandes bagues, à talon, plaqué argent.	Jonc, grandes bagues, boucles doubles, cuivre.	Jonc, gr^des bagues, boucl. doubles, plaqué argent.
135 »	155 »	165 »	165 »	180 »

Harnais, même fabrication du n° 9, garniture méplate, attelles tirages larges, boucles à talon, aux prix désignés ci-dessous.

Faux piqué, à talon, verni.	Méplat, à talon, cuivre.	Méplat, à talon, plaqué argent.	Méplat, boucles doubles, cuivre.	Méplat, boucles doubles, plaqué argent.
140 »	160 »	170 »	170 »	185 »

Harnais, même fabrication du n° 9, garniture à ruban, moyenne largeur, attelles tirages larges, boucles à talon, aux prix désignés ci-dessous.

Ruban, à talon, cuivre.	Ruban, à talon, plaqué argent.	Ruban, boucles doubles, cuivre.	Ruban, boucles doubles, plaqué argent.
170 »	185 »	180 »	190 »

Harnais n° 9, garniture à ruban, à la russe, mêmes prix que la garniture à ruban désignée ci-dessus.

Harnais n° 9, garniture à ruban, à boules, supplément de la garniture à ruban désignée ci-dessus........ 4 »

Harnais, même fabrication du n° 9, garniture dos d'âne à biseaux, attelles tirages larges, boucles à talon, aux prix désignés ci-dessous.

Dos d'âne à biseaux, à talon, cuivre.	Dos d'âne à biseaux, à talon, plaqué argent.	Dos d'âne à biseaux, boucles doubles, cuivre.	Dos d'âne à biseaux, boucles doubles, plaqué argent.
175 »	190 »	185 »	205 »

Harnais n° 9, avec garniture dos d'âne, mêmes prix que la garniture dos d'âne à biseau désignée ci-dessus.

Harnais, même fabrication du n° 9, désignée ci-dessus, avec garniture toute enveloppée. 185 »

Harnais, même fabrication du n° 9, désignée ci-dessus, avec garniture en bronze aluminium imitant l'or et à ruban........ 240 »

HARNAIS A UN CHEVAL POUR CORSE OU TARBE

Prix général des Harnais pour corse ou tarbe désignés par nos 1 et 2; je passe aux nos 5, 6, 7, 8 et 9.

Voir le tableau des longueurs et largeurs, page 5.

Harnais n° 1, désigné comme suit :

Harnais collier lisse, garrot rond ; sellette cuir lisse, à petits quartiers, 4 pouces, montée sur arçon, ferrure renforcée, ce qui fait la solidité de la sellette ; bride, œillères vernies, montées à fourreaux ; boucleteaux de traits montés à fourreaux ; toutes les autres pièces montées à passants ; traits et dossière à quatre coutures du 10 au pouce, reculement à deux coutures du 10 ; le tout coupé en 8, 10 et 15 lignes ; guides, quatre longueurs, noires et jaunes ; frontail bombé deux piqûres, cocardes un contour, garniture à jonc, attelles tirages à pointes, aux prix désignés ci-dessous.

Jonc verni.	Faux piqué verni.	Jonc cuivre.	Jonc plaqué argent.
70 »	75 »	80 »	85 »

Harnais n° 2, désigné comme suit :

Harnais collier lisse, jaune dedans, à garrot rond ; sellette cuir lisse à petits quartiers, 4 pouces ; bride, œillères vernies, muserolle doublée bombée ; toutes les pièces montées à fourreaux ; garniture à jonc, attelles tirages à pointes, petites boucles à talon, aux prix désignés ci-dessous.

Jonc verni, boucles à talon.	Faux piqué, boucles à talon.	Jonc cuivre, boucles à talon.	Jonc plaqué argent, boucles à talon.
75 »	80 »	85 »	90 »

OBSERVATION SÉRIEUSE

Les harnais nos 1 et avec collier en cuir verni, attelles enveloppées en cuir verni, sellette à petits quartiers, demi-vernie, 4 pouces, fait un supplément, par chaque numéro de harnais, de... 11 » comme pour les harnais pour tous chevaux.

Ce changement fait le harnais n° 5, comme pour tous chevaux.

Harnais n° 6, désigné comme suit :

Harnais demi-fin, collier verni, sellette vernie d'une pièce, 4 pouces ; barre de fesses et muserolle doublées bombées, cousues du 12 ; reculement avec losanges, cousu du 12 ; tous les autres cuirs simples coupés en 8, 10 et 15 lignes; traits et dossière plats, cousus du 10; toutes les pièces montées à fourreaux; frontail à quatre piqûres ou bien à clous, cocardes fines à contours et clous, garniture à jonc, attelles tirages à pointes, toutes les boucles à talon, aux prix désignés ci-dessous.

Jonc verni, boucles à talon.	Jonc cuivre, boucles à talon.	Jonc plaqué argent, boucles à talon.	Jonc cuivre, boucles doubles.	Jonc plaqué argent, boucles doubles.
100 »	110 »	119 »	120 »	135 »

Harnais, même fabrication du n° 6, garniture à jonc, grandes bagues, attelles tirages à pointes, toutes les boucles à talon, aux prix désignés ci-dessous.

Jonc, grandes bagues, boucles à talon, verni.	Jonc, grandes bagues, boucles à talon, cuivre.	Jonc, gr^des bagues, boucl. à talon, plaqué argent.	Jonc, grandes bagues, boucles doubles, cuivre.	Jonc, gr^des bagues, boucl. doubles, plaqué argent.
103 »	115 »	125 »	125 »	145 »

Harnais, même fabrication du n° 6, garniture méplate, attelles tirages à pointes, toutes les boucles à talon, aux prix désignés ci-dessus.

Faux piqué, boucl. à talon, verni.	Méplat, boucles à talon, cuivre	Méplat, boucles à talon, plaqué argent.	Méplat, boucles doubles, cuivre.	Méplat, boucles doubles, plaqué argent.
107 »	120 »	130 »	130 »	145 »

Harnais n° 7, désigné comme suit :

Harnais fin, collier verni, sellette vernie, d'une pièce, 4 pouces; barre de fesses et corps de croupière doublés bombés du 12; reculement avec grands losanges, cousu du 12; œillères à trois rangs, panurges au dessus de tête, muserolle à losanges, cousue du 13; toutes les autres pièces noircies dessous et montées à fourreaux; beau frontail, garniture à jonc, tirages à pointes, toutes les boucles à talon, aux prix désignés ci-dessous.

Jonc verni, boucles à talon.	Jonc cuivre, boucles à talon.	Jonc plaqué argent, boucles à talon.	Jonc cuivre, boucles doubles.	Jonc plaqué argent, boucles doubles.
110 »	120 »	130 »	130 »	145 »

Harnais, même fabrication du n° 7, garniture à jonc, grandes bagues, attelles tirages demi-larges, toutes les boucles à talon, aux prix désignés ci-dessous.

Jonc, grandes bagues, boucles à talon, verni.	Jonc, grandes bagues, boucles à talon, cuivre.	Jonc, gr^des bagues, boucl à talon, plaqué argent.	Jonc, grandes bagues, boucles doubles, cuivre.	Jonc, gr^des bagues, boucl. doubles, plaqué argent.
115 »	130 »	140 »	140 »	155 »

Harnais, même fabrication du n° 7, garniture méplate, attelles tirages larges, toutes les boucles à talon, aux prix désignés ci-dessous.

Faux piqué, boucl. à talon, verni.	Méplat, boucles à talon, cuivre.	Méplat, boucles à talon, plaque argent.	Méplat, boucles doubles, cuivre.	Méplat, boucles doubles, plaque argent.
120 »	135 »	145 »	145 »	160 »

Harnais n° 8, désigné comme suit :

Harnais surfin, collier verni, sellette vernie, d'une pièce, 4 pouces, deux rangs de piqûres; bride, œillères trois rangs, panurges au dessus de tête, muserolle à grands losanges du 14; tous les cuirs doublés bombés, excepté les traits; dossière demi-bombée, sanglons de porte-brancards doublés plats; reculement à grands losanges de chaque côté; le tout cousu du 12 et 13 au pouce, monté à fourreaux bombés; guides simples, noires et jaunes, cuir fort; frontail très-joli, cocardes deux contours, garniture à jonc, attelles tirages à pointes, boucles à talons, aux prix désignés ci-dessous.

Jonc verni, boucles à talon.	Jonc cuivre, boucles à talon.	Jonc plaqué argent, boucles à talon.	Jonc cuivre, boucles doubles.	Jonc plaqué argent, boucles doubles.
115 »	125 »	135 »	135 »	150 »

Harnais, même fabrication du n° 8, garniture à jonc, grandes bagues, attelles tirages demi-larges, toutes les boucles à talon, aux prix désignés ci-dessous.

Jonc, grandes bagues, boucles à talon, verni.	Jonc, grandes bagues, boucles à talon, cuivre.	Jonc, gr^des bagues, boucl. à talon, plaqué argent.	Jonc, grandes bagues, boucles doubles, cuivre.	Jonc, gr^des bauges, boucl. doubles, plaqué argent.
120 »	135 »	145 »	145 »	160 »

Harnais, même fabrication du n° 8, garniture méplate, attelles tirages larges, toutes les boucles à talon aux prix, désignés ci-dessous.

Fauxpiqué, boucl. à talon, verni.	Méplat, boucles à talon, cuivre.	Méplat, boucles à talon, plaqué argent.	Méplat, boucles doubles, cuivre	Méplat, boucles doubles, plaqué argent.
125 »	140 »	150 »	150 »	165 »

Harnais, même fabrication du n° 8, garniture à ruban, moyenne largeur, attelles tirages larges, toutes les boucles à talon, aux prix désignés ci-dessous.

Ruban, boucles à talon, cuivre.	Ruban, boucles à talon, plaqué argent.	Ruban, boucles doubles, cuivre.	Ruban, boucles doubles, plaqué argent.
150 »	165 »	165 »	180 »

Harnais n° 8, garniture à ruban, à la russe, mêmes prix que la garniture à ruban désignée ci-dessus.

Harnais n° 8, garniture à ruban, à boules, supplément.. 4 »

Harnais, même fabrication du n° 8, garniture dos d'âne à biseaux, attelles tirages larges, toutes les boucles à talon, aux prix désignés ci-dessous.

Dos d'âne à biseaux, boucles à talon, cuivre.	Dos d'âne à biseaux, boucles à talon, plaqué argent.	Dos d'âne à biseaux, boucles doubles, cuivre.	Dos d'âne à biseaux, boucles doubles, plaqué argent.
155 »	170 »	165 »	185 »

Harnais n° 9, désigné comme suit :

Harnais extra-fin, collier verni avec ceinture, sellette vernie, une pièce, 4 pouces, trois piqûres dans le haut; tous les cuirs doublés bombés, sans exception; muserolle et derrière de reculement à quatre piqûres; barre de fesses à dessins avec grands losanges, le tout cousu du 12, 13 et 14 au pouce; œillères à trois rangs de piqûres, panurges au dessus de tête; toutes les pièces montées à fourreaux bombés, finis à la main; joli frontail, soit à baguette, ou à clous, ou à quatre piqûres; cocardes en rapport au frontail, guides simples, extra-fortes, jaunes et noires; garniture à jonc, grandes bagues, attelles tirages larges, aux prix désignés ci-dessous.

Jonc, grandes bagues, boucles à talon, verni.	Jonc, grandes bagues, boucles à talon, cuivre.	Jonc, grdes bagues, boucl. à talon, plaqué argent.	Jonc, grandes bagues, boucles doubles, cuivre.	Jonc, grdes bagues, boucl. doubles, plaqué argent.
130 »	150 »	160 »	160 »	175 »

Harnais, même fabrication du n° 9, garniture méplate, attelles tirages larges, toutes les boucles à talon, aux prix désignés ci-dessous.

Fauxpiqué, boucl. à talon, verni.	Méplat, boucles à talon, cuivre.	Méplat, boucles à talon, plaqué argent.	Méplat, boucles doubles, cuivre	Méplat, boucles doubles, plaqué argent.
135 »	155 »	165 »	165 »	180 »

Harnais, même fabrication du 9, garniture à ruban, moyenne largeur, attelles tirages larges, toutes les boucles à talon, aux prix désignés ci-dessous.

Ruban, boucles à talon, cuivre.	Ruban, boucles à talon, plaqué argent.	Ruban, boucles doubles, cuivre.	Ruban, boucles doubles, plaqué argent.
165 »	180 »	175 »	185 »

Harnais n° 9, garniture à ruban, à la russe, mêmes prix que la garniture à ruban désignée ci-dessus.

Harnais n° 9, garniture à ruban, à boules, supplément.. 4 »

Harnais, même fabrication du n° 9, garniture à dos d'âne à biseaux, attelles tirages larges, toutes les boucles à talon, aux prix désignés ci-dessous.

Dos d'âne à biseaux, boucles à talon, cuivre.	Dos d'âne à biseaux, boucles à talon, plaqué argent.	Dos d'âne à biseaux, boucles doubles, cuivre.	Dos d'âne à biseaux, boucles doubles, plaqué argent
170 »	185 »	185 »	200 »

Harnais n° 9, garniture à dos d'âne, mêmes prix que la garniture à dos d'âne à biseaux désignée ci-dessus.

Harnais, même fabrication du n° 9, garniture toute enveloppée, au prix désigné ci-après.. 180 »

Harnais, même fabrication du n° 9, garniture en bronze aluminium imitant l'or, à ruban, au prix désigné ci-après.. 235 »

HARNAIS DE TAPISSIÈRE OU OMNIBUS A UN CHEVAL

Voir le tableau des longueurs et largeurs, page 5.

Harnais n° 1, désigné comme suit :

Harnais, tous les cuirs simples, largeurs 10, 12, 18 lignes; sanglons de croupière et courroies de reculement en 13 lignes; barre de fesses à fourches séparées, 11 lignes; traits et dossière à quatre coutures; derrière de reculement bombé, cousu du 10 au pouce; brides et boucleteaux de traits, montés à fourreaux ; toutes les autres pièces montées à passants ; œillères vernies à deux piqûres; frontail bombé à deux piqûres; collier, soit de mon système ou de tapissière; attelles renforcées, tirages avec chapes ou à crochets, au choix; sellette à petits quartiers ou à batine, quartiers à poire, largeur 7 pouces; toutes les pièces composant ce harnais sont extra-fortes et de premier choix ; clefs de sellette ou anneaux d'attelles à anneaux mouvants, aux prix suivant les garnitures ci-dessous.

Jonc verni ou étamé, boucles à talon.	Faux piqué verni, boucles à talon.	Jonc cuivre renforcé, boucles à talon.	Jonc cuivre renforcé, boucles doubles.
115 »	120 »	135 »	150 »

Harnais, même fabrication du n° 1, monté à fourreaux, garniture méplate cuivre, boucles à talon renforcées, aux prix désignés ci-après........ 145 »

Harnais, même fabrication du n° 1, monté à fourreaux, garniture méplate cuivre, boucles doubles renforcées, au prix désigné ci-après........ 160 »

HARNAIS EXTRA-FORT DE TAPISSIÈRE OU OMNIBUS A UN CHEVAL

Voir le tableau des longueurs et largeurs, page 6.

Harnais n° 2, désigné comme suit :

Harnais, bride et guides 11 lignes, traits et dossière 20 lignes, derrière de reculement 22 lignes, barres de fesses 26 lignes, courroie de reculement et sanglons de croupière 14 lignes, collier de mon système ou de tapissière, attelles renforcées, tirages avec chapes ou à crochets, sellette à petits quartiers ou à batine, quartiers à poire, largeur 8 pouces; clefs de sellette ou anneaux d'attelles mouvants, prix suivant les garnitures désignées ci-dessous.

Jonc verni ou étamé, boucles à talon.	Faux piqué verni, boucles à talon.	Jonc cuivre renforcé, boucles à talon.	Jonc cuivre renforcé, boucles doubles.
130 »	135 »	150 »	165 »

Harnais, même fabrication du n° 2, monté à fourreaux, garniture méplate cuivre, renforcée, boucles à talon, au prix ci-après........ 160 »

Harnais, même fabrication du n° 2, monté à fourreaux, garniture méplate cuivre renforcée, boucles doubles, au prix désigné ci-après........ 175 »

HARNAIS, ATTELAGE A DEUX, POUR TOUS CHEVAUX

Voir le tableau des longueurs et largeurs, page 6.

Harnais de timon n° 1, désigné comme suit :

Harnais, colliers cuir lisse, garrots ronds, mantelets cuirs lisse, panneaux drap; brides, œillères vernies montées à fourreaux; chaînettes et grands boucleteaux de traits montés à fourreaux, toutes les autres pièces montées à passants; traits et chaînettes à quatre coutures, reculements à deux piqûres du 10 au pouce; les autres pièces cuir simple en 9, 12 et 18 lignes; guides italiennes en 10 lignes, mains en cuir jaune; fronteaux bombés deux piqûres, cocardes un contour; garniture à jonc, attelles tirages à pointes, boucles à lyre, aux prix désignés ci-dessous.

Jonc verni.	Faux piqué verni.	Jonc cuivre.	Jonc plaqué argent.
200 »	220 »	230 »	240 »

Harnais de timon, n° 2, désigné comme suit :

Harnais, colliers cuir lisse, garrots ronds, jaunes dedans; mantelets cuir lisse, panneaux drap; brides, œillères vernies, muserolles doublées bombées; toutes pièces montées à fourreaux, sans exception; garniture à jonc, attelles tirages à pointes, boucles à lyre à talon, aux prix désignés ci-dessous.

Jonc verni, boucles à talon.	Faux piqué verni, boucles à talon.	Jonc cuivre, boucles à talon.	Jonc plaqué argent, boucles à talon.
220 »	230 »	240 »	250 »

Harnais de timon n° 3, désigné comme suit :

Harnais, colliers vernis, mantelets demi-vernis, panneaux drap; les sanglons de mancelles doublés bombés; brides, œillères vernies, demi-fines; muserolles doublées bombées; tous les cuirs simples coupés en 9, 12, 18 lignes; toutes les pièces montées à fourreaux; traits, chaînettes et derrières de reculements cousus du 10 au pouce; fronteaux à dessins, cocardes un contour, garniture à jonc, attelles tirages à pointes, boucles à lyre à talon, aux prix désignés ci-dessous.

Jonc verni, boucles à talon.	Jonc cuivre, boucles à talon.	Jonc plaqué argent, boucles à talon.
230 »	260 »	270 »

Harnais, même fabrication du n° 3, désigné ci-dessus, garniture à jonc, grandes bagues, attelles tirages à pointes, petites boucles à lyre à talon, aux prix désignés ci-dessous.

Jonc, grandes bagues, boucles à talon, verni.	Jonc, grandes bagues, boucles à talon, cuivre.	Jonc, gr^des bagues, boucl. à talon, plaqué argent.	Jonc, grandes bagues, boucles doubles, cuivre	Jonc, gr^des bagues, boucl. doubles, plaqué argent.
240 »	270 »	280 »	290 »	300 »

Harnais, même fabrication du n° 3 désigné ci-dessus, garniture méplate, attelles tirages à pointes, boucles à lyre à talon, aux prix désignés ci-dessous.

Faux piqué verni, boucles à talon.	Méplat, boucles à talon, cuivre.	Méplat, boucles à talon, plaqué argent.	Méplat, boucles doubles, cuivre.	Méplat, boucles doubles, plaqué argent.
250 »	275 »	285 »	295 »	305 »

OBSERVATIONS

Les harnais n°s 1, 2 et 3, avec colliers coupés, avec attelles à clavette portant anneaux de chaînette, supplément par paire de harnais.. 5 »

Toute barre ou surdos doublé bombé en place de simple, supplément.................. 6 »

Les harnais avec mantelets, panneaux cuir gras, en remplacement des panneaux drap, supplément par harnais.. 8 »

Harnais de timon n° 4, désigné comme suit :

Harnais demi-fin, colliers vernis, mantelets vernis, panneaux panne, mancelles doublées bombées; brides, œillères demi-fines, muserolles doublées bombées; barres de fesses doublées bombées, cousues du 12; reculements à deux coutures du 12; les autres cuirs simples coupés en 9, 12, 18 lignes; traits et chaînettes plats, du 10 au pouce; toutes les pièces montées à fourreaux; fronteaux à quatre piqûres ou bien à clous, cocardes fines avec contours et clous; garniture à jonc, attelles tirages à pointes, petites boucles à talon, aux prix désignés ci-dessous.

Jonc verni, boucles à talon.	Jonc cuivre, boucles à talon.	Jonc plaqué argent, boucles à talon.	Jonc cuivre, boucles doubles.	Jonc plaqué argent, boucles doubles.
255 »	285 »	295 »	305 »	315 »

Harnais, même fabrication du n° 4 désigné ci-dessus, garniture à jonc, grandes bagues, attelles tirages à pointes, petites boucles à talon, aux prix désignés ci-dessous.

Jonc, grandes bagues, boucles à talon, verni.	Jonc, grandes bagues, boucles à talon, cuivre.	Jonc, gr^des bagues, boucl. à talon, plaqué argent.	Jonc, grandes bagues, boucles doubles, cuivre.	Jonc, gr^des bagues, boucl. doubles, plaqué argent.
265 »	295 »	305 »	315 »	325 »

Harnais, même fabrication du n° 4 désigné ci-dessus, garniture méplate, attelles tirages à pointes, petites boucles à talon, aux prix désignés ci-dessous.

Faux piqué verni, boucles à talon.	Méplat, boucles à talon, cuivre.	Méplat, boucles à talon, plaqué argent.	Méplat, boucles doubles, cuivre.	Méplat, boucles doubles, plaqué argent.
275 »	300 »	310 »	320 »	330 »

Harnais de timon, n° 5, désigné comme suit :

Harnais fin, colliers vernis, mantelets vernis, panneaux panne; barres de fesses et corps de croupières doublés bombés du 12 ; derrières de reculements, deux rangs du 12; brides, œillères à trois rangs, muserolles doublées bombées, avec losanges du 13; panurges aux dessus de têtes; traits et chaînettes cousus du 12; toutes les autres pièces noircies dessous et montées à fourreaux, guides italiennes en 10 lignes; fronteaux larges quatre piqûres, cocardes fines, garniture à jonc, attelles tirages à pointes, petites boucles à lyre à talon, aux prix désignés ci-dessous.

Jonc verni, boucles à talon.	Jonc cuivre, boucles à talon.	Jonc plaqué argent, boucles à talon.	Jonc cuivre, boucles doubles.	Jonc plaqué argent, boucles doubles.
275 »	305 »	315 »	325 »	335 »

Harnais, même fabrication du n° 5 désigné ci-dessus, garniture à jonc, grandes bagues, attelles tirages demi-larges, petites boucles à talon, aux prix désignés ci-dessous.

Jonc, grandes bagues, boucles à talon, verni.	Jonc, grandes bagues, boucles à talon, cuivre.	Jonc, grdes bagues, boucl. à talon, plaqué argent.	Jonc, grandes bagues, boucles doubles, cuivre.	Jonc, grdes bagues, boucl. doubles, plaqué argent.
285 »	315 »	325 »	335 »	345 »

Harnais, même fabrication du n° 5 désigné ci-dessus, garniture méplate, attelles tirages demi-larges, petites boucles à talon, aux prix désignés ci-dessous.

Faux piqué verni, boucles à talon.	Méplat, boucles à talon, cuivre.	Méplat, boucles à talon, plaqué argent	Méplat, boucles doubles, cuivre.	Méplat, boucles doubles, plaqué argent.
295 »	320 »	330 »	340 »	350 »

Harnais, même fabrication du n° 5 désigné ci-dessus, garniture à ruban, attelles tirages larges, aux prix désignés ci-dessous.

Ruban, boucles à talon, cuivre.	Ruban, boucles à talon, plaqué argent.	Ruban, boucles doubles, cuivre.	Ruban, boucles doubles, plaqué argent.
340 »	380 »	360 »	400 »

Harnais de timon n° 6, désigné comme suit :

Harnais surfin, colliers vernis, mantelets vernis, quartiers chassant en avant, deux rangs de piqûres, panneaux cuir; brides, œillères trois piqûres, panurges aux dessus de têtes, muserolles à grands losanges du 13; tous les cuirs doublés bombés, à l'exception des traits et chaînettes plats; le tout cousu des 12 et 13 au pouce; toutes les pièces montées à fourreaux; guides italiennes 10 lignes, simples, fortes, jaunes et noires; jolis fronteaux avec cocardes deux contours, garniture à jonc, attelles tirages à pointes, petites boucles à talon, aux prix désignés ci-dessous.

Jonc verni, boucles à talon.	Jonc cuivre, boucles à talon.	Jonc plaqué argent, boucles à talon.	Jonc cuivre, boucles doubles.	Jonc plaqué argent, boucles doubles.
300 »	330 »	340 »	350 »	360 »

Harnais, même fabrication du n° 6 désigné ci-dessus, garniture à jonc, grandes bagues, attelles tirages larges, petites boucles à talon, aux prix désignés ci-dessous.

Jonc, grandes bagues, boucles à talon, verni.	Jonc, grandes bagues, boucles à talon, cuivre.	Jonc, grdes bagues, boucl. à talon, plaqué argent.	Jonc, grandes bagues, boucles doubles, cuivre.	Jonc, grdes bagues, boucl. doubles, plaqué argent.
310 »	340 »	350 »	360 »	370 »

Harnais, même fabrication du n° 6 désigné ci-dessus, garniture méplate, attelles tirages larges, petites boucles à talon, aux prix désignés ci-dessous.

Faux piqué verni, boucles à talon.	Méplat, boucles à talon, cuivre.	Méplat, boucles à talon, plaqué argent.	Méplat, boucles doubles, cuivre.	Méplat, boucles doubles plaqué argent.
320 »	345 »	355 »	365 »	375 »

Harnais, même fabrication du n° 6 désigné ci-dessus, garniture à ruban, moyenne largeur, attelles tirages larges, petites boucles à talon, aux prix désignés ci-dessous.

Ruban, boucles à talon, cuivre.	Ruban, boucles à talon, plaqué argent.	Ruban, boucles doubles, cuivre.	Ruban, boucles doubles, plaqué argent.
365 »	405 »	385 »	425 »

Harnais n° 6, garniture à ruban, à la russe, mêmes prix que la garniture à ruban, moyenne largeur, désignée ci-dessus.

Harnais, même fabrication du n° 6 désigné ci-dessus, garniture à ruban, à boules; attelles tirages larges, petites boucles à talon, aux prix désignés ci-dessous.

Ruban, à boules, cuivre, boucles à talon.	Ruban, à boules, plaqué argent, boucles à talon.	Ruban, à boules, cuivre, boucles doubles.	Ruban, à boules, plaqué argent. boucles doubles.
370 »	410 »	390 »	430 »

Harnais, même fabrication du n° 6 désigné ci-dessus, garniture à dos d'âne, attelles tirages larges, petites boucles à talon, aux prix désignés ci-dessous.

Dos d'âne, boucles à talon, cuivre.	Dos d'âne, boucles à talon, plaqué argent.	Dos d'âne, boucles doubles, cuivre.	Dos d'âne, boucles doubles, plaqué argent.
375 »	420 »	395 »	440 »

Harnais de timon n° 7, désigné comme suit :

Harnais extra-fin, colliers vernis avec ceintures, mantelets vernis, quartiers chassant en avant, trois rangs de piqûres dans le haut, panneaux cuir grainé verni ; tous les cuirs doublés bombés, sans exception ; muserolles et derrières de reculements à quatre piqûres ; barres de fesses à dessins, à grands losanges ; le tout cousu du 12, 13 et 14 au pouce ; œillères à trois piqûres ; panurges aux dessus de têtes, entre-deux à poire ; toutes les pièces montées à fourreaux bombés ; de jolis fronteaux, soit à baguettes, à clous ou quatre piqûres, cocardes en rapport aux frontaux, guides italiennes simples, extra-fortes, jaunes et noires ; garniture à jonc, grandes bagues ; attelles tirages larges, petites boucles à talon, aux prix désignés ci-dessous.

Jonc, grandes bagues, boucles à talon, verni.	Jonc, grandes bagues, boucles à talon, cuivre.	Jonc, gr^des bagues, boucl. à talon, plaqué argent.	Jonc, grandes bagues, boucles doubles, cuivre.	Jonc, gr^des bagues, boucl. doubles, plaqué argent.
340 »	370 »	380 »	390 »	400 »

Harnais, même fabrication du n° 7 désigné ci-dessus, garniture méplate, attelles tirages larges, petites boucles à talon, aux prix désignés ci-dessous.

Faux piqué verni, boucles à talon.	Méplat, boucles à talon, cuivre.	Méplat, boucles à talon, plaqué argent.	Méplat, boucles doubles, cuivre.	Méplat, boucles doubles, plaqué argent.
350 »	375 »	385 »	395 »	405 »

Harnais, même fabrication du n° 7, désigné ci-dessus, garniture à ruban, attelles tirages larges, petites boucles à talon, aux prix désignés ci-dessous.

Ruban, boucles à talon, cuivre.	Ruban, boucles à talon, plaqué argent.	Ruban, boucles doubles, cuivre.	Ruban, boucles doubles, plaqué argent.
395 »	435 »	415 »	455 »

Harnais n° 7, garniture à ruban, à la russe, mêmes prix que la garniture ci-dessus.

Harnais, même fabrication du n° 7 désigné ci-dessus, garniture à ruban, à boules, attelles tirages larges, petites boucles à talon, aux prix désignés ci-dessous.

Ruban, à boules, cuivre, boucles à talon.	Ruban, à boules, plaqué argent, boucles à talon.	Ruban, à boules, cuivre, boucles doubles.	Ruban, à boules, plaqué argent, boucles doubles.
400 »	440 »	420 »	460 »

Harnais, même fabrication du n° 7 désigné ci-dessus, garniture à dos d'âne, attelles tirages larges, petites boucles à talon aux prix désignés ci-dessous.

Dos d'âne, boucles à talon, cuivre.	Dos d'âne, boucles à talon, plaqué argent.	Dos d'âne, boucles doubles, cuivre.	Dos d'âne, boucles doubles, plaqué argent.
405 »	450 »	425 »	470 »

Harnais, même fabrication du n° 7, garniture toute enveloppée, au prix désigné ci-après. 430 »

Harnais, même fabrication du n° 7, garniture en bronze aluminium imitant l'or, à ruban, au prix désigné ci-après.. 520 »

OBSERVATIONS

Tout harnais avec attelles tirages à jour, en remplacement d'attelles tirages larges, supplément sur la paire de harnais.. 8 »

Tout harnais avec attelles tirages à olives, en remplacement d'attelles tirages larges, supplément sur la paire de harnais.. 10 »

Harnais de timon n° 8, désigné comme suit :

Harnais extra-riche, colliers riches, verges recouvertes tout en vernis, à jonc, avec ceinture doublée bombée; mantelets riches, quartiers chassants à trois rangs de piqûres partout, cuir grainé verni; tous les cuirs doublés bombés, sans exception, cousus à quatre coutures partout; barres ou surdos à grands dessins, muserolles avec anneaux, panurges à crochets, guides plates extra-fortes soit en cuir noir et jaune, ou tout en cuir jaune, le tout cousu du 13, 14 et 15 au pouce; toutes les pièces montées à fourreaux bombés, finis à la main, et tous cousus à points voyants en dessous; jolis fronteaux et cocardes riches; en un mot, l'ensemble de cette fabrication ne laisse rien à désirer; garniture à jonc, grandes bagues, attelles tirages à jour, aux prix désignés ci-dessous.

Jonc, grandes bagues, boucles à talon, cuivre.	Jonc, grandes bagues, boucles à talon, plaqué argent.	Jonc, grandes bagues, boucles doubles, cuivre.	Jonc, grandes bagues, boucles doubles, plaqué argent.
425 »	435 »	445 »	455 »

Harnais, même fabrication du n° 8 désigné ci-dessus, garniture méplate, attelles tirages à jour, aux prix désignés ci-dessous.

Méplat, boucles à talon, cuivre.	Méplat, boucles à talon, plaqué argent.	Méplat, boucles doubles, cuivre.	Méplat, boucles doubles, plaqué argent.
430 »	440 »	450 »	460 »

Harnais, même fabrication du n° 8 désigné ci-dessus, garniture à ruban, attelles tirages à jour, aux prix désignés ci-dessous.

Ruban, boucles à talon, cuivre.	Ruban, boucles à talon, plaqué argent.	Ruban, boucles doubles, cuivre.	Ruban, boucles doubles, plaqué argent.
450 »	490 »	470 »	510 »

Harnais n° 8, garniture à ruban, à la russe, mêmes prix que la garniture ci-dessus.

Harnais, même fabrication du n° 8 désigné ci-dessus, garniture à ruban, à boules, attelles tirages à jour, aux prix désignés ci-dessous.

Ruban, à boules, cuivre, boucles à talon.	Ruban, à boules, plaqué argent, boucles à talon.	Ruban, à boules, cuivre, boucles doubles.	Ruban, à boules, plaqué argent, boucles doubles
455 »	495 »	475 »	515 »

Harnais, même fabrication du n° 8 désigné ci-dessus, garniture dos d'âne, attelles tirages à jour, aux prix désignés ci-dessous.

Dos d'âne, boucles à talon, cuivre.	Dos d'âne, boucles à talon, plaqué argent.	Dos d'âne, boucles doubles, cuivre.	Dos d'âne, boucles doubles, plaqué argent.
460 »	500 »	480 »	520 »

Harnais, même fabrication du n° 8 désigné ci-dessus, garniture enveloppée, au prix désigné ci-après........ 485 »

Harnais, même fabrication du n° 8 désigné ci-dessus, garniture en bronze aluminium, imitant l'or, à ruban, au prix désigné ci-après........ 575 »

Harnais attelage à deux chevaux, tous sans exception sont désignés avec reculements. Aujourd'hui, dans beaucoup de pays plats, on supprime les reculements; je vous prie de m'informer en faisant votre commande, si vous supprimez les derrières de reculements, remplacés par des surdos.

Réduction sur les n°s 1, 2, 3, par paire de harnais........ 15 »

Réduction sur les n°s 4, 5, 6, par paire de harnais........ 20 »

Réduction sur les n°s 7 et 8, par paire de harnais........ 25 »

Tous les harnais avec garniture, soit à jonc verni, soit faux piqué verni, avec les pièces suivantes contournées en cuivre ou maillechort, telles que panurges, anneaux d'attelles, garniture de mantelets, les grandes boucles de chaînettes et de grands boucleteaux de traits, supplément par pièce et non par paire; clefs de panurges, 1 fr.; crochets, boucles à crampons et de chaînettes........ 2 »

Je vous recommande ce genre de garniture peu coûteuse, et qui relève le coup d'œil des harnais, avec garniture verni, et qui ne demande aucun entretien de plus.

Tout harnais, garniture enveloppée, les grosses pièces contournées, jaune ou blanc, se paient, les pièces suivantes, à la pièce et non à la paire : clef, panurge........ 1 »

Les crochets, boucles à crampons, boucles de chaînettes, la pièce........ 2 »

Harnais de timon n°s 1, 2, 3, 4, 5, 6, 7 et 8, faits en cuir de Hongrie de Pont-Audemer très-blanc, en remplacement de cuir demi-façon, chaire propre, pas de changement de prix.

Harnais avec les grosses pièces, soit en cuivre, soit en plaqué argent ou aluminium, se composant des attelles, garniture des mantelets, panurges, boucles de chaînettes, boucles des grands boucleteaux de traits et des dés de traits; le reste avec petites boucles à lyre vernies ou faux piqué, en remplacement des petites boucles soit cuivre, soit plaqué argent ou aluminium. Je vous tiendrai compte de la différence, suivant la valeur des petites boucles qui font partie des grosses pièces qui composent la garniture que vous préférez, des harnais en général.

OBSERVATIONS ÉVITANT TOUTES SURPRISES

Harnais, sans exception, sont désignés avec guides, cuir simple.

Harnais avec guides italiennes rondes, la main, bouts piqués, en place de guides plates, supplément........ 10 »

Harnais avec guides italiennes toutes doublées bombées, en place de guides plates, supplément........ 30 »

Harnais n°s 4, 5, 6, 7 et 8, faits en buffle bien poncé, ou bien en cuir bruni, en remplacement de cuir demi-façon, chaire propre; le buffle et le cuir brunis sont plus chers et demandent beaucoup plus d'attention; supplément par harnais, attelages à deux........ 20 »

ACCESSOIRES D'OBJETS FANTAISIE RICHE

Voir le détail donné à la suite des Harnais à un cheval, page 14.

Tout harnais de timon, sans exception, avec garniture en maillechort, pour le prix, voir les prix des garnitures plaqué argent et maillechort, page 23, pour établir la différence, soit en plus, soit en moins.

Mon maillechort est le plus beau qui existe.

HARNAIS, ATTELAGE A DEUX, POUR PONEYS

Prix général des Harnais pour poneys désignés par n°s 1, 2, 3, 4, 5, 6 et 7.

Voir le tableau des longueurs et largeurs, page 7.

Harnais n° 1, désigné comme suit :

Harnais, colliers cuir lisse, garrots ronds, mantelets cuir lisse, panneaux drap; brides, œillères vernies montées à fourreaux, chaînettes et grands boucleteaux de traits montés à fourreaux; toutes les autres pièces montées à passants; traits et chaînettes à quatre piqûres, reculements à deux piqûres du 10 au pouce; les autres pièces cuir simple en 8, 11 et 17 lignes; guides italiennes, mains cuir jaune; fronteaux bombés deux piqûres, cocardes un contour, garniture à jonc, attelles tirages à pointes, boucles à lyre, aux prix désignés ci-dessous.

Jonc verni.	Faux piqué verni.	Jonc cuivre.	Jonc plaqué argent.
190 »	210 »	220 »	230 »

Harnais n° 2, désigné comme suit :

Harnais, colliers cuir lisse, garrots ronds, jaunes dedans, mantelets cuir lisse, panneaux drap; brides, œillères vernies, muserolles doublées bombées; toutes les pièces, sans exception, montées à fourreaux; garniture à jonc, attelles tirages à pointes, petites boucles à talon, aux prix désignés ci-dessous.

Jonc verni, boucles à talon.	Faux piqué verni, boucles à talon.	Jonc cuivre, boucles à talon.	Jonc plaqué argent, boucles à talon.
200 »	220 »	230 »	240 »

Harnais n° 3, désigné comme suit :

Harnais, colliers vernis, mantelets demi-vernis, panneaux drap; les sanglons de mancelles doublés bombés; brides, œillères vernies demi-fines, muserolles doublées bombées; tous les cuirs simples en 8, 11 et 17 lignes; toutes les pièces montées à fourreaux; traits, chaînettes et derrières de reculements, cousus du 10 au pouce; les fronteaux à dessins, cocardes un contour et clous, garniture à jonc, attelles tirages à pointes, petites boucles à talon, aux prix désignés ci-dessous.

Jonc verni, boucles à talon.	Jonc cuivre, boucles à talon.	Jonc plaqué argent, boucles à talon.
220 »	250 »	260 »

Harnais, même fabrication du nº 3 désigné ci-dessus, garniture à jonc, grandes bagues, attelles tirages à pointes, petites boucles à talon, aux prix désignés ci-dessous.

Jonc, grandes bagues, boucles à talon, verni	Jonc, grandes bagues, boucles à talon, cuivre.	Jonc, grdes bagues, boucl à talon, plaqué argent.	Jonc, grandes bagues, boucles doubles, cuivre.	Jonc, grdes bagues, boucl. doubles, plaqué argent.
230 »	260 »	270 »	280 »	290 »

Harnais, même fabrication du nº 3 désigné ci-dessus, garniture méplate, attelles tirages à pointes, petites boucles à talon, aux prix désignés ci-dessous.

Faux piqué verni, boucles à talon.	Méplat, boucles à talon, cuivre.	Méplat, boucles à talon, plaqué argent.	Méplat, boucles doubles, cuivre.	Méplat, boucles doubles, plaqué argent.
240 »	265 »	275 »	285 »	295 »

Harnais nº 4, désigné comme suit :

Harnais demi-fins, colliers vernis, mantelets vernis, panneaux panne; sanglons de mancelles doublés bombés, brides, œillères demi-fines, muserolles doublées bombées; barres de fesses doublées bombées, cousues du 12; reculements à deux coutures du 12; les autres cuirs simples en 8, 11 et 17 lignes; traits et chaînettes plats, cousus du 10; toutes les pièces montées à fourreaux; fronteaux à quatre piqûres ou bien à clous, cocardes fines avec un contour et clous; garniture à jonc, attelles tirages à pointes, petites boucles à talon, aux prix désignés ci-dessous.

Jonc verni, boucles à talon.	Jonc cuivre, boucles à talon.	Jonc plaqué argent, boucles à talon.	Jonc cuivre, boucles doubles.	Jonc plaqué argent, boucles doubles.
245 »	275 »	285 »	295 »	305 »

Harnais, même fabrication du nº 4, désigné ci-dessus, garniture à jonc, grandes bagues, attelles tirages à pointes, petites boucles à talon, aux prix désignés ci-dessous.

Jonc, grandes bagues, boucles à talon, verni.	Jonc, grandes bagues, boucles à talon, cuivre.	Jonc, grdes bagues, boucl à talon, plaqué argent.	Jonc, grandes bagues, boucles doubles, cuivre.	Jonc, grdes bagues, boucl. doubles, plaqué argent.
255 »	285 »	295 »	305 »	315 »

Harnais, même fabrication du nº 4 désigné ci-dessus, garniture méplate, attelles tirages à pointes, petites boucles à talon, aux prix désignés ci-dessous.

Faux piqué verni, boucles à talon	Méplat, boucles à talon, cuivre	Méplat, boucles à talon, plaqué argent.	Méplat, boucles doubles, cuivre.	Méplat, boucles doubles, plaqué argent.
265 »	290 »	300 »	310 »	320 »

Harnais nº 5, désigné comme suit :

Harnais fins, colliers vernis, mantelets vernis, panneaux panne; barres de fesses et corps de croupières doublés bombés du 12, derrières de reculements deux piqûres du 12, brides, œillères à trois rangs de piqûres, muserolles doublées bombées, avec losanges du 13; panurges aux dessus de têtes, traits et chaînettes cousus du 12; toutes les autres pièces noircies en dessous et montées à fourreaux; fronteaux larges quatre piqûres, cocardes fines, garniture à jonc, attelles tirages à pointes, petites boucles à talon, aux prix désignés ci-dessous.

Jonc verni, boucles à talon.	Jonc cuivre, boucles à talon.	Jonc plaqué argent, boucles à talon.	Jonc cuivre, boucles doubles.	Jonc plaqué argent, boucles doubles.
265 »	295 »	305 »	315 »	325 »

Harnais, même fabrication du nº 5 désigné ci-dessus, garniture à jonc, grandes bagues, attelles tirages demi-larges, petites boucles à talon, aux prix désignés ci-dessous.

Jonc, grandes bagues, boucles à talon, verni.	Jonc, grandes bagues, boucles à talon, cuivre.	Jonc, grdes bagues, boucl à talon, plaqué argent.	Jonc, grandes bagues, boucles doubles, cuivre.	Jonc, grdes bagues, boucl. doubles, plaqué argent.
275 »	305 »	315 »	325 »	335 »

Harnais, même fabrication du nº 5 désigné ci-dessus, garniture méplate, attelles tirages demi-larges, boucles à talon, aux prix désignés ci-dessous.

Faux piqué verni, boucles à talon.	Méplat, boucles à talon, cuivre.	Méplat, boucles à talon, plaqué argent.	Méplat, boucles doubles, cuivre.	Méplat, boucles doubles, plaqué argent.
285 »	310 »	320 »	330 »	340 »

Harnais n° 6, désigné comme suit :

Harnais surfins, colliers vernis, mantelets vernis, quartiers chassant en avant, à deux rangs de piqûres, panneaux cuir; brides, œillères, trois rangs de piqûres, panurges aux dessus de têtes, muserolles à grands losanges du 13; tous les cuirs doublés bombés, à l'exception des traits et chaînettes plats; le tout cousu du 12 et 13 au pouce; toutes les pièces montées à fourreaux; guides italiennes simples, noires, mains jaunes fortes; jolis fronteaux, cocardes à deux contours, garniture à jonc, attelles tirages à pointes, petites boucles à talon, aux prix désignés ci-dessous.

Jonc verni, boucles à talon.	Jonc cuivre, boucles à talon.	Jonc plaqué argent, boucles à talon	Jonc cuivre, boucles doubles.	Jonc plaqué argent, boucles doubles.
290 »	320 »	330 »	340 »	350 »

Harnais, même fabrication du n° 6 désigné ci-dessus, garniture à jonc, grandes bagues, attelles tirages demi-larges, petites boucles à talon, aux prix désignés ci-dessous.

Jonc, grandes bagues, boucles à talon, verni.	Jonc, grandes bagues, boucles à talon, cuivre.	Jonc, gr^des bagues, boucl. à talon, plaqué argent.	Jonc, grandes bagues, boucles doubles, cuivre.	Jonc, gr^des bagues, boucl. doubles, plaqué argent.
300 »	330 »	340 »	350 »	360 »

Harnais, même fabrication du n° 6 désigné ci-dessus, garniture méplate, attelles tirages larges, petites boucles à talon, aux prix désignés ci-dessous.

Faux piqué verni, boucles à talon.	Méplat, boucles à talon, cuivre.	Méplat, boucles à talon, plaqué argent.	Méplat, boucles doubles, cuivre.	Méplat, boucles doubles, plaqué argent.
310 »	335 »	345 »	355 »	365 »

Harnais, même désignation du n° 6 désigné ci-dessus, garniture à ruban, moyenne largeur, attelles tirages larges, petites boucles à talon, aux prix désignés ci-dessous.

Ruban, boucles à talon, cuivre.	Ruban, boucles à talon, plaqué argent.	Ruban, boucles doubles, cuivre.	Ruban, boucles doubles, plaqué argent.
355 »	395 »	375 »	415 »

Harnais, même fabrication du n° 6 désigné ci-dessus, garniture à ruban, à la russe, mêmes prix que la garniture à ruban, moyenne largeur.

Harnais, même fabrication du n° 6 désigné ci-dessus, garniture à ruban, à boules; attelles tirages larges, petites boucles à talon, aux prix désignés ci-dessous.

Ruban, à boules, cuivre, boucles à talon.	Ruban, à boules, plaqué argent, boucles à talon.	Ruban, à boules, cuivre, boucles doubles	Ruban, à boules, plaqué argent, boucles doubles.
360 »	400 »	380 »	420 »

Harnais, même fabrication du n° 6 désigné ci-dessus, garniture à dos d'âne, attelles tirages larges, aux prix désignés ci-dessous.

Dos d'âne, boucles à talon, cuivre.	Dos d'âne, boucles à talon, plaqué argent.	Dos d'âne, boucles doubles, cuivre.	Dos d'âne, boucles doubles, plaqué argent.
365 »	405 »	385 »	425 »

Harnais n° 7, désigné comme suit :

Harnais extra-fins, colliers vernis avec ceintures vernies, mantelets vernis, quartiers chassant en avant, trois rangs de piqûres dans le haut, panneaux cuir grainé verni; tous les cuirs doublés bombés, sans exception; muserolles et derrières de reculements à quatre piqûres; barres de fesses à dessins, à grands losanges, le tout cousu du 12, 13 et 14 au pouce; œillères à trois rangs de piqûres, panurges aux dessus de têtes, entre-deux à poire; toutes les pièces montées à fourreaux bombés; de jolis fronteaux, soit à baguettes, à clous ou à quatre piqûres; de belles cocardes, les guides italiennes simples, extra-fortes, garniture à jonc; grandes bagues, attelles larges, aux prix désignés ci-dessous.

Jonc, grandes bagues, boucles à talon, verni.	Jonc, grandes bagues, boucles à talon, cuivre.	Jonc, gr^des bagues, boucl. à talon, plaqué argent	Jonc, grandes bagues, boucles doubles, cuivre	Jonc, gr^des bagues, boucl. doubles, plaqué argent.
330 »	360 »	370 »	380 »	390 »

Harnais, même fabrication du n° 7 désigné ci-dessus, garniture méplate, attelles tirages larges, aux prix désignés ci-dessous.

Faux piqué verni, boucles à talon.	Méplat, boucles à talon, cuivre.	Méplat, boucles à talon, plaqué argent.	Méplat, boucles doubles, cuivre.	Méplat, boucles doubles, plaqué argent.
340 »	365 »	375 »	385 »	395 »

Harnais, même fabrication du n° 7 désigné ci-dessus, garniture à ruban, attelles tirages larges, aux prix désignés ci-dessous.

Ruban, boucles à talon, cuivre.	Ruban, boucles à talon, plaqué argent.	Ruban, boucles doubles, cuivre.	Ruban, boucles doubles, plaqué argent.
385 »	425 »	405 »	445 »

Harnais, même désignation du n° 7 désigné ci-dessus, à ruban, à la russe, mêmes prix qu'à ruban.

Harnais, même fabrication du n° 7 désigné ci-dessus, garniture à ruban, à boules, attelles tirages larges, aux prix désignés ci-dessous.

Ruban, à boules, cuivre, boucles à talon.	Ruban, à boules, plaqué argent, boucles à talon.	Ruban, à boules, cuivre, boucles doubles.	Ruban, à boules, plaqué argent, boucles doubles.
390 »	430 »	410 »	450 »

Harnais, même fabrication du n° 7 désigné ci-dessus, garniture à dos d'âne, attelles tirages larges, aux prix désignés ci-dessous.

Dos d'âne, boucles à talon, cuivre.	Dos d'âne, boucles à talon, plaqué argent.	Dos d'âne, boucles doubles, cuivre.	Dos d'âne, boucles doubles, plaqué argent.
395 »	435 »	415 »	455 »

Harnais, même fabrication du n° 7 désigné ci-dessus, garniture toute enveloppée, au prix désigné ci-après.......... 420 »

Harnais, même fabrication du n° 7 désigné ci-dessus, garniture en bronze aluminium imitant l'or, à ruban, au prix désigné ci-après.......... 510 »

HARNAIS, ATTELAGE A DEUX, POUR PETITS PONEYS

Prix général des Harnais pour petits poneys désignés par n°s 1, 2, 3, 4, 5, 6 et 7.

Voir le tableau des longueurs et largeurs, page 7.

Harnais n° 1, désigné comme suit :

Harnais, colliers cuir lisse, garrots ronds, mantelets cuir lisse, panneaux drap; brides, œillères vernies, montées à fourreaux; chaînettes et grands boucleteaux de traits montés à fourreaux; toutes les autres pièces montées à passants; traits et chaînettes à quatre coutures, reculements à deux piqûres du 10 au pouce; les autres pièces, cuir simple, en 8, 11 et 16 lignes; guides italiennes noires, mains jaunes; fronteaux bombés deux piqûres, cocardes un contour, garniture à jonc, attelles tirages à pointes, petites boucles à lyre, aux prix désignés ci-dessous.

Jonc verni.	Faux piqué verni.	Jonc cuivre.	Jonc plaqué argent.
180 »	200 »	210 »	220 »

Harnais n° 2, désigné comme suit :

Harnais, colliers cuir lisse, garrots ronds, jaunes dedans, mantelets cuir lisse, panneaux drap; brides, œillères vernies, muserolles doublées bombées; toutes les pièces, sans exception, montées à fourreaux; garniture à jonc, attelles tirages à pointes, petites boucles à lyre à talon, aux prix désignés ci-dessous.

Jonc verni, boucles à talon.	Faux piqué verni, boucles à talon.	Jonc cuivre, boucles à talon.	Jonc plaqué argent, boucles à talon.
190 »	210 »	220 »	230 »

Harnais n° 3, désigné comme suit :

Harnais, colliers vernis, mantelets demi-vernis, panneaux drap, les sanglons de mancelles doublés bombés; brides, œillères vernies, demi-fines ; muserolles doublées bombées; tous les cuirs simples coupés en 8, 11 et 16 lignes ; toutes les pièces montées à fourreaux; traits, chaînettes et derrières de reculements, cousus du 10 au pouce ; fronteaux à dessins, cocardes à contour et clous; garniture à jonc, attelles tirages à pointes, petites boucles à lyre à talon, aux prix désignés ci-dessous.

Jonc verni, boucles à talon.	Jonc cuivre, boucles à talon.	Jonc plaqué argent, boucles à talon.
210 »	240 »	250 »

Harnais, même désignation du n° 3 désigné ci-dessus, garniture à jonc, grandes bagues, attelles tirages à pointes, petites boucles à talon, aux prix désignés ci-dessous.

Jonc, grandes bagues, boucles à talon, verni.	Jonc, grandes bagues, boucles à talon, cuivre.	Jonc, grdes bagues. boucl. à talon, plaqué argent.	Jonc, grandes bagues, boucles doubles, cuivre.	Jonc, grdes bagues, boucl. doubles, plaqué argent.
220 »	250 »	260 »	270 »	280 »

Harnais, même fabrication du n° 3 désigné ci-dessus, garniture méplates, attelles tirages à pointes, petites boucles à talon, aux prix désignés ci-dessous.

Faux piqué verni, boucles à talon.	Méplat, boucles à talon, cuivre.	Méplat, boucles à talon, plaqué argent.	Méplat, boucles doubles, cuivre.	Méplat, boucles doubles, plaqué argent.
230 »	255 »	265 »	275 »	285 »

Harnais n° 4, désigné comme suit :

Harnais demi-fins, colliers vernis, panneaux panne, mancelles doublées bombées; brides, œillères vernies, demi-fines; muserolles doublées bombées; barres de fesses doublées bombées, cousues du 12; reculements à deux piqûres du 12; tous les autres cuirs simples coupées en 8, 11 et 16 lignes; traits et chaînettes plats, cousus du 10; toutes les autres pièces montées à fourreaux; fronteaux à quatre piqûres ou à clous, cocardes fines avec contour et clous, garniture à jonc, attelles tirages à pointes, petites boucles à talon, aux prix désignés ci-dessous.

Jonc verni, boucles à talon.	Jonc cuivre, boucles à talon.	Jonc plaqué argent, boucles à talon.	Jonc cuivre, boucles doubles.	Jonc plaqué argent, boucles doubles.
235 »	265 »	275 »	285 »	295 »

Harnais, même désignation du n° 4 désigné ci-dessus, garniture à jonc, grandes bagues, attelles tirages à pointes, aux prix désignés ci-desous.

Jonc, grandes bagues, boucles à talon, verni.	Jonc, grandes bagues, boucles à talon, cuivre.	Jonc, grdes bagues, boucl. à talon, plaqué argent.	Jonc, grandes bagues, boucles doubles, cuivre.	Jonc, grdes bagues, boucl. doubles, plaqué argent.
245 »	275 »	285 »	295 »	305 »

Harnais, même fabrication du n° 4 désigné ci-dessus, garniture méplate, attelles tirages à pointes, aux prix désignés ci-dessous.

Faux piqué verni, boucles à talon.	Méplat, boucles à talon, cuivre.	Méplat, boucles à talon, plaqué argent.	Méplat, boucles doubles, cuivre.	Méplat, boucles doubles, plaqué argent.
255 »	280 »	290 »	300 »	310 »

Harnais n° 5, désigné comme suit :

Harnais fins, colliers vernis, mantelets vernis, panneaux panne; barres de fesses et corps de croupières doublés bombés du 12; derrières de reculements deux rangs du 12; brides, œillères trois piqûres, muserolle doublées bombées avec losanges du 13; panurges aux dessus de têtes; traits et chaînettes cousus du 12; toutes les autres pièces noircies en dessous et montées à fourreaux; guides italiennes noires, mains jaunes fronteaux larges, quatre piqûres, cocardes fines, garnitures à jonc, attelles tirages à pointes; petites boucles à talon, aux prix désignés ci-dessous.

Jonc verni, boucles à talon.	Jonc cuivre, boucles à talon.	Jonc plaqué argent, boucles à talon.	Jonc cuivre, boucles doubles.	Jonc plaqué argent, boucles doubles.
255 »	285 »	295 »	305 »	315 »

Harnais, même fabrication du n° 5 désigné ci-dessus, garniture à jonc, grandes bagues, attelles demi-larges, aux prix désignés ci-dessous.

Jonc, grandes bagues, boucles à talon, verni.	Jonc, grandes bagues, boucles à talon, cuivre.	Jonc, grdes bagues, boucl. à talon, plaqué argent.	Jonc, grandes bagues, boucles doubles, cuivre.	Jonc, grdes bagues, boucl. doubles, plaqué argent.
265 »	295 »	305 »	315 »	325 »

Harnais, même fabrication du n° 5 désigné ci-dessus, garniture méplate, attelles tirages, demi-larges, aux prix désignés ci-dessous.

Faux piqué verni, boucles à talon.	Méplat, boucles à talon, cuivre.	Méplat, boucles à talon, plaqué argent.	Méplat, boucles doubles, cuivre.	Méplat, boucles doubles, plaqué argent.
275 »	300 »	310 »	320 »	330 »

Harnais n° 6, désigné comme suit :

Harnais surfins, colliers vernis, mantelets vernis, quartiers chassant en avant, à deux rangs de piqûres, panneaux cuir; brides, œillères trois rangs de piqûres, panurges aux dessus de têtes, muserolles à grands losanges du 13 ; tous les cuirs doublés bombés, à l'exception des traits et chaînettes plats ; le tout cousu du 12 et 13 au pouce ; toutes les pièces montées à fourreaux ; guides italiennes simples, fortes ; de jolis fronteaux avec cocardes deux contours, garniture à jonc, attelles tirages à pointes, aux prix désignés ci-dessous.

Jonc verni, boucles à talon.	Jonc cuivre, boucles à talon.	Jonc plaqué argent, boucles à talon.	Jonc cuivre, boucles doubles.	Jonc plaqué argent, boucles doubles.
280 »	310 »	320 »	330 »	340 »

Harnais, même fabrication du n° 6 désigné ci-dessus, garniture à jonc, grandes bagues, attelles tirages, petites boucles à talon, aux prix désignés ci-dessous.

Jonc, grandes bagues, boucles à talon, verni.	Jonc, grandes bagues, boucles à talon, cuivre.	Jonc, grdes bagues, boucl à talon, plaqué argent.	Jonc, grandes bagues, boucles doubles, cuivre.	Jonc, grdes bagues, boucl. doubles, plaqué argent.
290 »	320 »	330 »	340 »	350 »

Harnais, même fabrication du n° 6 désigné ci-dessus, garniture méplate, attelles tirages larges, petites boucles à talon, aux prix désignés ci-dessous.

Faux piqué verni, boucles à talon.	Méplat, boucles à talon, cuivre.	Méplat, boucles à talon, plaqué argent.	Méplat, boucles doubles, cuivre.	Méplat, boucles doubles, plaqué argent.
300 »	325 »	335 »	345 »	355 »

Harnais, même fabrication du n° 6 désigné ci-dessus, garniture à ruban, moyenne largeur, attelles tirages larges, aux prix désignés ci-dessous.

Ruban, boucles à talon, cuivre.	Ruban, boucles à talon, plaqué argent.	Ruban, boucles doubles, cuivre.	Ruban, boucles doubles, plaqué argent.
345 »	385 »	365 »	405 »

Harnais, même fabrication que ci-dessus, garniture à ruban, à la russe, mêmes prix que le ruban moyenne largeur.

Harnais, même fabrication du n° 6 désigné ci-dessus, garniture ruban, à boules, attelles tirages larges, aux prix désignés ci-dessous.

Ruban, à boules, cuivre, boucles à talon.	Ruban, à boules, plaqué argent, boucles à talon.	Ruban, à boules, cuivre, boucles doubles.	Ruban, à boules, plaqué argent, boucles doubles.
350 »	390 »	370 »	410 »

Harnais, même fabrication du n° 6 désigné ci-dessus, garniture à dos d'âne, attelles tirages larges, aux prix désignés ci-dessous.

Dos d'âne, boucles à talon, cuivre.	Dos d'âne, boucles à talon, plaqué argent.	Dos d'âne, boucles doubles, cuivre.	Dos d'âne, boucles doubles, plaqué argent.
355 »	395 »	375 »	415 »

Harnais n° 7, désigné comme suit :

Harnais extra-fins, colliers vernis avec ceintures vernies, mantelets vernis, quartiers chassant en avant à trois rangs de piqûres dans le haut, panneaux cuir grainé vernis ; tous les cuirs doublés bombés, sans exception ; muserolles et derrières de reculements à quatre piqûres, barres de fesses à dessins, à grands losanges, le tout cousu du 12, 13 et 14 au pouce ; œillères à trois rangs de piqûres, panurges aux dessus de tête, entre-deux à poire ; toutes les pièces montées à fourreaux bombés, de jolis fronteaux soit à baguette, ou à clous, ou à quatre piqûres ; de belles cocardes en rapport aux fronteaux ; guides italiennes extra-fortes, simples ; garniture à jonc, grandes bagues, attelles tirages larges, aux prix désignés ci-dessous.

Jonc, grandes bagues, boucles à talon, verni.	Jonc, grandes bagues, boucles à talon, cuivre.	Jonc, grdes bagues, boucl. à talon, plaqué argent.	Jonc, grandes bagues, boucles doubles, cuivre.	Jonc, grdes bagues, boucl. doubles, plaqué argent.
320 »	350 »	360 »	370 »	380 »

Harnais, même fabrication du n° 7 désigné ci-dessus, garniture méplate, attelles tirages larges, aux prix désignés ci-dessous.

Faux piqué verni, boucles à talon.	Méplat, boucles à talon, cuivre.	Méplat, boucles à talon, plaqué argent.	Méplat, boucles doubles, cuivre.	Méplat, boucles doubles, plaqué argent.
330 »	355 »	365 »	375 »	385 »

Harnais, même fabrication du n° 7 désigné ci-dessus, garniture à ruban, attelles tirages larges, aux prix désignés ci-dessous.

Ruban, boucles à talon, cuivre.	Ruban, boucles à talon, plaqué argent.	Ruban, boucles doubles, cuivre.	Ruban, boucles doubles, plaqué argent.
375 »	415 »	395 »	435 »

Harnais, même fabrication que ci-dessus, garniture à ruban, à la russe, mêmes prix que le ruban ci-dessus.

Harnais, même fabrication du n° 7 désigné ci-dessus, garniture à ruban, à boules, attelles tirages larges, aux prix désignés ci-dessous.

Ruban, à boules, cuivre, boucles à talon.	Ruban, à boules, plaqué argent, boucles à talon.	Ruban, à boules, cuivre, boucles doubles.	Ruban, à boules, plaqué argent, boucles doubles.
380 »	420 »	400 »	440 »

Harnais, même fabrication du n° 7 désigné ci-dessus, garniture à dos d'âne, attelles tirages larges, aux prix désignés ci-dessous.

Dos d'âne, boucles à talon, cuivre.	Dos d'âne, boucles à talon, plaqué argent.	Dos d'âne, boucles doubles, cuivre.	Dos d'âne, boucles doubles, plaqué argent.
385 »	425 »	405 »	445 »

Harnais, même fabrication du n° 7 désigné ci-dessus, garniture toute enveloppée, au prix désigné ci-contre .... 410 »

Harnais, même fabrication du n° 7 désigné ci-dessus, garniture à ruban en bronze aluminium imitant l'or, au prix désigné ci-contre .... 500 »

HARNAIS, ATTELAGE A DEUX, POUR CORSES OU TARBES

Prix général des Harnais pour corses ou tarbes désignés par nos 1, 2, 3, 4, 5, 6 et 7.

Voir le tableau des longueurs et largeurs, page 8.

Harnais n° 1, désigné comme suit :

Harnais, colliers cuir lisse, garrots ronds, mantelets cuir lisse, panneaux drap; brides, œillères vernies, montées à fourreaux; chaînettes et grands boucleteaux de traits montés à fourreaux; toutes les autres pièces montées à passants; traits et chaînettes à quatre piqûres; reculements à deux piqûres du 10 au pouce; les autres pièces coupées en 8, 10 et 15 lignes; guides italiennes noires et jaunes; fronteaux bombés deux piqûres, cocardes un contour, garniture à jonc, attelles tirages à pointes, petites boucles à lyre, aux prix désignés ci-dessous.

Jonc verni.	Faux piqué verni.	Jonc cuivre.	Jonc plaqué argent.
170 »	190 »	200 »	210 »

Harnais n° 2, désigné comme suit :

Harnais, colliers cuir lisse, garrots ronds, jaunes dedans; mantelets cuir lisse, panneaux drap; brides, œillères vernies, muserolles doublées bombées; toutes les pièces montées à fourreaux, sans exception; garniture à jonc, attelles tirages à pointes, petites boucles à talon, aux prix désignés ci-dessous.

Jonc verni.	Faux piqué verni.	Jonc cuivre.	Jonc plaqué argent.
180 »	200 »	210 »	220 »

Harnais n° 3, désigné comme suit :

Harnais, colliers vernis, mantelets demi-vernis, panneaux drap; les sanglons de mancelles doublés bombés, brides, œillères vernies demi-fines, muserolles doublées bombées; tous les cuirs simples coupés en 8, 10 et 15 lignes; toutes les pièces montées à fourreaux; traits et chaînettes, derrières de reculements piqués du 10 au pouce; fronteaux à dessins, cocardes à contour et clou; garniture à jonc, attelles tirages à pointes, petites boucles à talon, aux prix désignés ci-dessous.

Jonc verni, boucles à talon.	Jonc cuivre, boucles à talon.	Jonc plaqué argent, boucles à talon.
200 »	230 »	240 »

Harnais, même fabrication du n° 3 désigné ci-dessus, garniture à jonc, grandes bagues, attelles tirages à pointes, petites boucles à talon, aux prix désignés ci-dessous.

Jonc, grandes bagues, boucles à talon, verni.	Jonc, grandes bagues, boucles à talon, cuivre.	Jonc, gr^des bagues, boucl. à talon, plaqué argent.	Jonc, grandes bagues, boucles doubles, cuivre.	Jonc, gr^des bagues, boucl. doubles, plaqué argent.
210 »	240 »	250 »	260 »	270 »

Harnais, même fabrication du n° 3 désigné ci-dessus, garniture méplate, attelles tirages à pointes, aux prix désignés ci-dessous.

Faux piqué verni, boucles à talon.	Méplat cuivre, boucles à talon.	Méplat plaqué argent, boucles à talon,	Méplat cuivre, boucles doubles,	Méplat plaqué argent. boucles doubles.
220 »	245 »	255 »	265 »	275 »

Harnais n° 4, désigné comme suit :

Harnais demi-fins, colliers vernis, mantelets vernis, panneaux panne; mancelles doublées bombées, brides, œillères demi-vernies, muserolles doublées bombées; barres de fesses doublées bombées, cousues du 12; reculements à deux piqûres du 12; les autres cuirs simples coupés en 8, 10 et 15 lignes; traits et chaînettes plats, cousus du 10; toutes les pièces montées à fourreaux; fronteaux à quatre piqûres ou bien à clous, cocardes fines avec contour et clou; garniture à jonc, attelles tirages à pointes; toutes les petites boucles à talon, aux prix désignés ci-dessous.

Jonc, boucles à talon, verni.	Jonc, boucles à talon, cuivre.	Jonc, boucles à talon, plaqué argent.	Jonc, boucles doubles, cuivre.	Jonc, boucles doubles, plaqué argent.
225 »	255 »	265 »	275 »	285 »

Harnais, même fabrication du n° 4 désigné ci-dessus, garniture à jonc, grandes bagues, attelles tirages à pointes, aux prix désignés ci-dessous.

Jonc, grandes bagues, boucles à talon, verni.	Jonc, grandes bagues, boucles à talon, cuivre.	Jonc, gr^des bagues, boucl. à talon, plaqué argent.	Jonc, grandes bagues, boucles doubles, cuivre.	Jonc, gr^des bagues, boucl. doubles, plaqué argent.
235 »	265 »	275 »	285 »	295 »

Harnais, même fabrication du n° 4 désigné ci-dessus, garniture méplate, attelles tirages à pointes, aux prix désignés ci-dessous.

Faux piqué verni, boucles à talon.	Méplat cuivre, boucles à talon.	Méplat plaqué argent, boucles à talon.	Méplat cuivre, boucles doubles.	Méplat plaqué argent, boucles doubles.
245 »	270 »	280 »	290 »	300 »

Harnais n° 5, désigné comme suit :

Harnais fins, colliers vernis, mantelets vernis, panneaux panne; barres de fesses et corps de croupières doublés bombés du 12; derrières de reculements, deux rangs du 12; brides, œillères à trois rangs de piqûres, muserolles doublées bombées, avec losanges du 13; panurges aux dessus de têtes; traits et chaînettes cousues du 12; toutes les autres pièces noircies dessous et montées à fourreaux; guides italiennes; fronteaux larges à quatre piqûres, cocardes fines, garniture à jonc, attelles tirages à pointes, petites boucles à talon, aux prix désignés ci-dessous.

Jonc, boucles à talon, verni.	Jonc, boucles à talon, cuivre.	Jonc, boucles à talon, plaqué argent.	Jonc, boucles doubles, cuivre.	Jonc, boucles doubles, plaqué argent.
245 »	275 »	285 »	295 »	305 »

Harnais, même fabrication du n° 5, désigné ci-dessus, garniture à jonc, grandes bagues, attelles tirages demi-larges, aux prix désignés ci-dessous.

Jonc, grandes bagues, boucles à talon, verni.	Jonc, grandes bagues, boucles à talon, cuivre.	Jonc, gr^des bagues, boucl. à talon, plaqué argent.	Jonc, grandes bagues, boucles doubles, cuivre.	Jonc, gr^des bagues, boucl. doubles, plaqué argent.
255 »	285 »	295 »	305 »	315 »

Harnais, même fabrication du n° 5 désigné ci-dessus, garniture méplate, attelles tirages demi-larges, aux prix désignés ci-dessous.

Faux piqué verni, boucles à talon.	Méplat, boucles à talon, cuivre.	Méplat, boucles à talon, plaqué argent.	Méplat, boucles doubles, cuivre.	Méplat, boucles doubles, plaqué argent.
265 »	290 »	300 »	310 »	320 »

Harnais n° 6, désigné comme suit :

Harnais surfins, colliers vernis, mantelets vernis, quartiers chassant en avant, à deux rangs de piqûres; panneaux cuir; brides, œillères à trois piqûres, panurges aux dessus de têtes, muserolles à grands losanges du 13; tous les cuirs doublés bombés, à l'exception des traits et chaînettes plats; le tout cousu du 12 et 13 au pouce; toutes les pièces montées à fourreaux; guides italiennes simples fortes, jaunes et noires; de jolis fronteaux avec cocardes deux contours, garniture à jonc, attelles tirages à pointes, aux prix désignés ci-dessous.

Jonc, boucles à talon, verni.	Jonc, boucles à talon, cuivre.	Jonc, boucles à talon, plaqué argent.	Jonc, boucles doubles, cuivre.	Jonc, boucles doubles, plaqué argent.
270 »	300 »	310 »	320 »	330 »

Harnais, même fabrication du n° 6 désigné ci-dessus, garniture à jonc, grandes bagues, attelles tirages larges, aux prix désignés ci-dessous.

Jonc, grandes bagues, boucles à talon, verni.	Jonc, grandes bagues, boucles à talon, cuivre.	Jonc, gr^des bagues, boucl. à talon, plaqué argent.	Jonc, grandes bagues, boucles doubles, cuivre.	Jonc, gr^des bagues, boucl. doubles, plaqué argent.
280 »	310 »	320 »	330 »	340 »

Harnais, même fabrication du n° 6 désigné ci-dessus, garniture méplate, attelles tirages larges, aux prix désignés ci-dessous.

Faux piqué verni, boucles à talon.	Méplat, boucles à talon, cuivre.	Méplat, boucles à talon, plaqué argent.	Méplat, boucles doubles, cuivre.	Méplat, boucles doubles, plaqué argent.
290 »	315 »	325 »	335 »	345 »

Harnais, même fabrication du numéro 6 désigné ci-dessus, garniture à ruban, moyenne largeur, attelles tirages larges, aux prix désignés ci-dessous.

Ruban, boucles à talon, cuivre.	Ruban, boucles à talon, plaqué argent.	Ruban, boucles doubles, cuivre.	Ruban, boucles doubles, plaqué argent.
335 »	375 »	355 »	395 »

Harnais, même fabrication que ci-dessus, à ruban, à la russe, mêmes prix qu'à ruban, moyenne largeur.

Harnais, même fabrication du n° 6 désigné ci-dessous, garniture, ruban à boules, attelles tirages larges, aux prix désignés ci-dessous.

Ruban, à boules, cuivre, boucles à talon.	Ruban, à boules, plaqué argent, boucles à talon.	Ruban, à boules, cuivre, boucles doubles.	Ruban, à boules, plaqué argent, boucles doubles.
340 »	380 »	360 »	400 »

Harnais, même fabrication du n° 6 désigné ci-dessus, garniture à dos d'âne, attelles tirages larges, aux prix désignés ci-dessous.

Dos d'âne, boucles à talon, cuivre.	Dos d'âne, boucles à talon, plaqué argent.	Dos d'âne, boucles doubles, cuivre.	Dos d'âne, boucles doubles, plaqué argent.
345 »	385 »	365 »	405 »

Harnais n° 7, désigné comme suit :

Harnais extra-riches, colliers vernis avec ceintures vernies, mantelets vernis, quartiers chassant en avant, à trois rangs de piqûres dans le haut; panneaux cuir grainé verni; tous les cuirs doublés bombés, sans exception, muserolles et derrières de reculements à quatre piqûres; barres de fesses à dessins, à grands losanges, le tout cousu du 12, 13 et 14 au pouce; œillères trois rangs de piqûres, panurges aux dessus de têtes, entre-deux à poire; toutes les pièces montées à fourreaux bombés; de jolis fronteaux, soit à baguette, à clous ou quatre piqûres; de belles cocardes en rapport aux fronteaux; guides italiennes simples, extra-fortes, noires et jaunes; garniture à jonc, grandes bagues, attelles tirages larges, aux prix désignés ci-dessous.

Jonc, grandes bagues, boucles à talon, verni.	Jonc, grandes bagues, boucles à talon, cuivre.	Jonc, gr^des bagues, boucl. à talon, plaqué argent.	Jonc, grandes bagues, boucles doubles, cuivre.	Jonc, gr^des bagues, boucl doubles, plaqué argent.
310 »	340 »	350 »	360 »	370 »

Harnais, même fabrication du n° 7 désigné ci-dessus, garniture méplate, attelles tirages larges, aux prix désignés ci-dessous.

Faux piqué verni, boucles à talon.	Méplat, boucles à talon, cuivre.	Méplat, boucles à talon, plaqué argent.	Méplat, boucles doubles, cuivre.	Méplat, boucles doubles, plaqué argent.
320 »	345 »	355 »	365 »	375 »

Harnais, même fabrication du n° 7 désigné ci-dessus, garniture à ruban, attelles tirages larges, aux prix désignés ci-dessous.

Ruban, boucles à talon, cuivre.	Ruban, boucles à talon, plaqué argent.	Ruban, boucles doubles, cuivre.	Ruban, boucles doubles, plaqué argent.
365 »	405 »	385 »	425 »

Harnais, même désignation que ci-dessus, à ruban, à la russe, mêmes prix qu'à ruban.

Harnais, même fabrication du n° 7, désigné ci-dessus, garniture à ruban, à boules, attelles tirages larges, aux prix désignés ci-dessous.

Ruban, à boules, cuivre, boucles à talon.	Ruban, à boules, plaqué argent, boucles à talon.	Ruban, à boules, cuivre, boucles doubles.	Ruban, à boules, plaqué argent, boucles doubles.
370 »	410 »	390 »	430 »

Harnais, même fabrication du n° 7 désigné ci-dessus, garniture à dos d'âne, attelles tirages larges, aux prix désignés ci-dessous.

Dos d'âne, boucles à talon, cuivre.	Dos d'âne, boucles à talon, plaqué argent,	Dos d'âne, boucles doubles, cuivre,	Dos d'âne, boucles doubles, plaqué argent.
375 »	415 »	395 »	435 »

Harnais, même fabrication du n° 7 désigné ci-dessus, garniture toute enveloppée, au prix désigné ci-contre.......... 400 »

Harnais, même fabrication du n° 7 désigné ci-dessus, garniture à ruban, en bronze aluminium imitant l'or, au prix désigné ci-contre.......... 490 »

HARNAIS DE POSTE

Voir le tableau des longueurs et largeurs, page 8.

Harnais de poste avec bricoles, attelage à deux chevaux; brides et guides 10 lignes; poitrails en trois pouces, demi-pliés; mantelets tout en cuir, mancelles 12 lignes, sangles 14 lignes, traits en cordes noires, reculements en 12 et 18 lignes, grelottières garnies en blaireau, douze grelots, trois queues de renards à chaque bride; garniture à jonc, soit verni, étamé, cuivre ou plaqué argent; anneaux de guides pour mantelets, anneaux mouvants, aux prix désignés ci-dessous.

Boucles vernies ou étamées, à talon.	Boucles jonc cuivre, à talon.	Boucles jonc plaqué argent, à talon.
200 »	220 »	230 »

HARNAIS POUR OMNIBUS OU FOURGON

ATTELAGE A DEUX CHEVAUX

MÊME GENRE DE CEUX DES OMNIBUS DE LA COMPAGNIE GÉNÉRALE DE PARIS

Voir le tableau des longueurs et largeurs, page 9.

Ces harnais sont simples et solides. Il n'y a pas de mantelets, un surdos seulement les remplace; tous les cuirs simples; brides et guides 10 lignes, traits et chaînettes 18 lignes, à quatre coutures; traits avec anneaux 30 lignes, qui reçoit les deux parties du trait; boucleteaux de surdos et sangles de sous-ventrières; reculements 16 lignes, avec barres à fourches ou séparées, 12 lignes; courroies de reculements 13 lignes, se prenant dans l'anneau des traits, et venant se fixer à leurs boucles; surdos et sangles 16 lignes, croupières simples correspondant aux sanglons adaptés aux colliers, largeur 24 lignes; colliers de mon système, à clavettes; les attelles des colliers sont sous les blanchets; tirages à olives ou à crochets, ou avec colliers de tapissières; tirages des attelles à crochets, anneaux des attelles mouvants, aux prix désignés ci-dessous.

Boucles à jonc, à talon, vernies ou étamées.	Boucles faux piqué verni, à talon.	Boucles jonc, cuivre renforcé, à talon.	Boucles jonc double, cuivre renforcé.
190 »	200 »	210 »	220 »

Les mêmes harnais extra-forts, brides et guides 11 lignes, traits et chaînettes 20 lignes, surdos et sous-ventrières 18 lignes, courroies de reculements 14 lignes, aux prix désignés ci-dessous.

Boucles à jonc, à talon, vernies ou étamées.	Boucles faux piqué verni, à talon.	Boucles jonc, cuivre renforcé, à talon.	Boucles jonc double, cuivre renforcé.
200 »	210 »	220 »	230 »

GRAVURES DE CHEVAUX ATTELÉS DE TOUTES LES MANIÈRES

Très-bien faites.

A un cheval ou deux, en noir. 2f | A un cheval, en couleur.. 5f | A deux chevaux, en couleur. 6f

Ces Gravures ont 55 sur 55 c/m de grandeur.

TARIF GÉNÉRAL DES PIÈCES DE HARNAIS

Colliers d'attelage en tous genres,

CUIR LISSE

Nos		
1.	Collier anglais, cuir lisse, garrot rond, jaune dedans	8 50
2.	Collier anglais, cuir lisse, garrot rond, blanchets en vache	9 50
3.	Collier anglais, cuir lisse, garrot rond, très-forts blanchets en vache	10 50
4.	Collier de mon système, intérieur à à côtes remplies en crin; ce collier est tout aussi élégant que le collier anglais; blanchets en vache lisse..	16 »
5.	Collier anglais de mon système, à rallonge, cuir lisse	13 »
6.	Collier d'artillerie, blanchets en vache	18 »
7.	Collier demi-artillrie, blanchts en vache	15 »
8.	Collier tapissière, blanchets en vache	12 »
9.	Collier tapissière recommandé, forts blanchets en vache	13 »
10.	Collier de mon système à clavettes, à deux trous, les attelles sous les cuirs faisant charnière dans le haut, tirages à crochets ou à olives, blanchets en vache	19 »
11.	Collier à clavettes recommandé, extra-fort, blanchets en vache	22 »
12.	Colliers à clavette léger, pour cabriolet	18 »
	Tous ces colliers à clavettes, avec anneaux de chaînettes, supplément..	2 »
	Tous ces colliers à clavettes, avec les anneaux de guides, roulant cuivre en place de roulant verni, supplément.	2 50
	Tous colliers à clavettes, avec blanchets et hausse-col en cuir verni, supplément sur tous colliers à clavettes..	5 »

Colliers d'attelages en tous genres,

CUIR VERNI

Nos		
13.	Collier anglais, vernis verge, à jonc..	14 »
14.	Collier anglais, vernis riche, toute la verge recouverte en vernis et à jonc	17 »
15.	Collier de mon système, intérieur à côtes remplies en crin; ce collier est aussi élégant que le collier anglais riche	21 »
16.	Collier de mon système, à rallonge vernie	18 »

Colliers haute fantaisie.

17.	Collier anglais, mancelles, blanchets et verge tout en vernis noir	22 »
18.	Collier anglais en vernis de couleur, soit blanc, soit bleu, soit rouge, au même prix	22 »
19.	Collier en cuir, harnais jaune, bruni.	14 »
20.	Collier en buffle poncé très-blanc....	14 »
21.	Collier en cuir de Hongrie blanc....	12 »

Faux Colliers.

1.	Faux collier extra en crin	4 50
2.	Faux collier, 1re qualité, en crin....	4 »
3.	Faux collier, sans pièce, 2e qualité.	3 75
4.	Faux collier en cuir de harnais, bien conditionné, cuir simple	6 50
	Les faux colliers nos 1 et 2, intérieur en molleton, supplément par faux collier	1 50

TARIF GÉNÉRAL DES SELLETTES

Sellettes d'une pièce, cuir lisse,

POUR TOUS CHEVAUX

Nos

1. Sellette d'une pièce, 8 pouces, 1re qualité........................ 19 »
2. Sellette d'une pièce, 7 pouces, 1re qualité........................ 17 »
3. Sellette d'une pièce, 6 pouces, 1re qualité........................ 15 50
4. Sellette d'une pièce, 6 pouces, 2e qualité........................ 14 50
5. Sellette d'une pièce, 6 pouces, 3e qualité........................ 13 50
6. Sellette d'une pièce, 5 pouces ½, 1re qualité........................ 15 »
7. Sellette d'une pièce, 5 pouces ½, 2e qualité........................ 14 »
8. Sellette d'une pièce, 5 pouces ½, 3e qualité........................ 13 »
9. Sellette d'une pièce, 5 pouces, 1re qualité........................ 14 50
10. Sellette d'une pièce, 5 pouces, 2e qualité........................ 13 50

Sellettes d'une pièce, poney.

11. Sellette d'une pièce, poney, 5 pouces, 1re qualité........................ 14 »
12. Sellette d'une pièce, poney, 5 pouces, 2e qualité........................ 13 »

Sellettes d'une pièce, petit poney.

13. Sellette d'une pièce, petit poney, 4 pouces ½, 1re qualité.......... 13 50
14. Sellette d'une pièce, petit poney, 4 pouces ½, 2e qualité.......... 12 50

Sellettes mantelets pour tous chevaux.

15. Sellette mantelet, 6 pouces, 1re qualité........................ 17 »
16. Sellette mantelet, 5 pouces ½, 1re qualité........................ 16 50
17. Sellette mantelet, 5 pouces, 1re qualité........................ 16 »
18. Sellette mantelet, 4 pouces ½, 1re qualité........................ 15 50

Sellette mantelet pour poney.

19. Sellette mantelet, poney, 5 pouces, 1re qualité........................ 15 50
20. Sellette mantelet, poney, 4 pouces ½, 1re qualité........................ 15 »
21. Sellette mantelet, poney, 4 pouces, 1re qualité........................ 14 50
22. Sellette mantelet, petit poney, 4 pces, 1re qualité........................ 14 »
23. Sellette mantelet, petit poney, 3 pces ½, 1re qualité........................ 13 50

Sellettes à petits quartiers, cuir lisse,

POUR TOUS CHEVAUX

Nos

24. Sellette à petits quartiers, 8 pouces, 1re qualité........................ 16 50
25. Sellette à petits quartiers, 7 pouces, 1re qualité........................ 14 50
26. Sellette à petits quartiers, 6 pouces, 1re qualité........................ 12 50
27. Sellette à petits quartiers, 6 pouces, 2e qualité........................ 11 50
28. Sellette à petits quartiers, 6 pouces, 3e qualité........................ 10 50
29. Sellette à petits quartiers, 5 pouces ½, 1re qualité........................ 12 »
30. Sellette à petits quartiers, 5 pouces ½, 2e qualité........................ 11 »
31. Sellette à petits quartiers, 5 pouces ½, 3e qualité........................ 10 »
32. Sellette à petits quartiers, 5 pouces, 1re qualité........................ 11 50
33. Sellette à petits quartiers, 5 pouces, 2e qualité........................ 10 50

Sellettes à petits quartiers, poney

34. Sellette à petits quartiers, 5 pouces, 1re qualité........................ 11 »
35. Sellette à petits quartiers, 5 pouces, 2e qualité........................ 10 »

Sellettes à petits quartiers, petit poney.

36. Sellette, petit poney, à petits quartiers, 4 pouces ½, 1re qualité..... 10 50
37. Sellette, petit poney, à petits quartiers, 4 pouces, 2e qualité........ 9 50

OBSERVATIONS

Toutes ces sellettes sont avec panneaux petit drap ou coutil, au choix.

Toutes sellettes, sans exception, les garnitures de clefs et de crochets ne sont pas comprises.

Têtes de sellettes, arçon à deux pointes avec siége en cuir lisse et petits quartiers, cuir lisse, prêt à recevoir les grands quartiers et les panneaux.

1. Tête de sellette, siége et petits quartiers, cuir lisse, montée sur un arçon, deux pointes, 8 pouces...... 5 50
2. Tête de sellette, siége et petits quartiers, cuir lisse, montée sur un arçon, deux pointes, 7 pouces...... 5 25
3. Tête de sellette, siége et petits quartiers, cuir lisse, montée sur un arçon, deux pointes, 6 pouces....... 5 »
4. Tête de sellette, siége et petits quartiers, cuir lisse, montée sur un arçon, deux pointes, 5 pouces ½..... 4 75
5. Tête de sellette, siége et petits quartiers, cuir lisse, montée sur un arçon, deux pointes, 4 à 5 pouces.... 4 50

Panneaux de sellettes prêts à poser,

SOIT PETIT DRAP OU COUTIL

N°s			
1.	Panneau sellette, 8 pouces.........	4	»
2.	Panneau sellette, 7 pouces..........	3	75
3.	Panneau sellette, 4 à 6 pouces......	3	50
4.	Panneau de sellette, bourrelets vernis, 5 à 6 pouces..............	4	75
5.	Panneau de sellette, bourrelets vernis, 7 pouces..................	5	»

Faux panneaux de sellettes,

DESSUS EN CUIR HARNAIS POUR REHAUSSER LA SELLETTE

1.	Faux panneau pour sellette, 7 à 8 pces.	6	50
2.	Faux panneau pour sellette, 5 à 6 pces.	5	50

Sellettes batines à troussequin ou à la française,

AUX MÊMES PRIX

1.	Sellette batine, 6 pouces 1re qualité.	14	»
2.	Sellette batine, 7 pouces, 1re qualité.	15	50
3.	Sellette batine, 8 pouces, 1re qualité.	17	»
4.	Sellette batine, 9 pouces, 1re qualité.	18	50
5.	Sellette batine, 10 pouces, 1re qualité.	20	»
6.	Sellette batine, 11 pouces, 1re qualité.	22	»
7.	Sellette batine, 12 pouces, 1re qualité.	24	»
8.	Sellette batine, 13 pouces, 1re qualité.	27	»
9.	Sellette batine, 14 pouces, 1re qualité.	30	»
10.	Sellette batine, 6 pouces, 2e qualité..	13	»
11.	Sellette batine, 7 pouces, 2e qualité..	14	50
12.	Sellette batine, 8 pouces, 2e qualité..	16	»
13.	Sellette batine, 9 pouces, 2e qualité..	17	50
14.	Sellette batine, 10 pouces, 2e qualité.	19	»
15.	Sellette batine, 11 pouces, 2e qualité.	20	»
16.	Sellette batine, 12 pouces, 2e qualité.	22	»
17.	Sellette batine, 13 pouces, 2e qualité.	24	»
18.	Sellette batine, 14 pouces, 2e qualité.	27	»

Sellettes demi-vernie d'une pièce,

POUR TOUS CHEVAUX

1.	Sellette demi-vernie d'une pièce, 8 pouces, 1re qualité...........	24	»
2.	Sellette demi-vernie d'une pièce, 7 pouces, 1re qualité...........	22	»
3.	Sellette demi-vernie d'une pièce, 6 pouces, 1re qualité...........	20	»
4.	Sellette demi-vernie, d'une pièce, 6 pouces, 2e qualité............	19	»
5.	Sellette demi-vernie d'une pièce, 5 pouces ½, 1re qualité..........	19	50
6.	Sellette demi-vernie d'une pièce, 5 pouces ½, 2e qualité..........	18	50
7.	Sellette demi-vernie d'une pièce, 5 pouces, 1re qualité...........	19	»
8.	Sellette demi-vernie d'une pièce, 5 pouces, 2e qualité............	18	»

Sellettes demi-vernies d'une pièce,

POUR PONEYS

9.	Sellette demi-vernie d'une pièce, poney, 5 pouces, 1re qualité........	18	50
10.	Sellette demi-vernie d'une pièce, poney, 5 pouces, 2e qualité........	17	50

Sellettes demi-vernies d'une pièce,

PETITS PONEYS

N°s			
11.	Sellette demi-vernie d'une pièce, petit poney, 4 pouces ½, 1re qualité..	18	»
12.	Sellette demi-vernie d'une pièce, petit poney, 4 pouces ½, 2e qualité..	17	»

Sellettes mantelets demi-vernies,

POUR TOUS CHEVAUX

13.	Sellette mantelet demi-vernie, 6 pces, 1re qualité..................	22	»
14.	Sellette mantelet demi-vernie, 5 pces ½, 1re qualité..................	21	50
15.	Sellette mantelet demi-vernie, 5 pces, 1re qualité..................	21	»
16.	Sellette mantelet demi-vernie, 4 pces ½, 1re qualité..................	20	50
17.	Sellette mantelet demi-vernie, 4 pces, 1re qualité..................	20	»

Sellettes à coulisses demi-vernies,

POUR TOUS CHEVAUX

18.	Sellette à coulisse demi-vernie, 6 pces	25	»
19.	Sellette à coulisse demi-vernie, 5 pces ½	24	50
20.	Sellette à coulisse demi-vernie, 5 pces	24	»

Sellettes demi-vernies à petits quartiers,

POUR TOUS CHEVAUX

21.	Sellette demi-vernie à petits quartiers, 8 pouces, 1re qualité............	21	»
22.	Sellette demi-vernie à petits quartiers, 7 pouces, 1re qualité............	19	»
23.	Sellette demi-vernie à petits quartiers, 6 pouces, 1re qualité............	17	»
24.	Sellette demi-vernie à petits quartiers, 6 pouces, 2e qualité............	16	»
25.	Sellette demi-vernie à petits quartiers, 5 pouces ½, 1re qualité...........	16	50
26.	Sellette demi-vernie à petits quartiers, 5 pouces ½, 2e qualité...........	15	50

Sellettes demi-vernies à petits quartiers,

POUR PONEYS

27.	Sellette demi-vernie à petits quartiers, pour poney, 5 pouces, 1re qualité..	16	»
28.	Sellette demi-vernie à petits quartiers, pour poney, 5 pouces, 2e qualité..	15	»

Sellettes demi-vernies à petits quartiers,

POUR PETITS PONEYS

29.	Sellette demi-vernie à petits quartiers, pr petit poney, 4 pces ½, 1re qualité.	15	50
30.	Sellette demi-vernie à petits quartiers, pr petit poney, 4 pces ½, 2e qualité..	14	50

Têtes de sellettes, arçon, deux pointes, avec siéges et petits quartiers cuir verni, à deux piqûres, prêtes à recevoir les grands quartiers et les panneaux.

1.	Tête de sellette, siége et petits quartiers vernis, sur un arçon, 8 pouces.	8	»
2.	Tête de sellette, siége et petits quartiers vernis, montés sur un arçon, 7 pouces..........................	7	50

Têtes de sellettes *(suite)*.

N°s

3. Tête de sellette, siége et petits quartiers, montés sur un arçon, 6 p^ces^. 7 »
4. Tête de sellette, siége et petits quartiers, montés sur un arçon, de 4 à 5 pouces ¼. 6 50

Pour tous les arçons, voir plus loin.

OBSERVATIONS

Toutes sellettes demi-vernies, sans exception, sont sans garniture.

Toutes sellettes demi-vernies, sans exception, avec panneaux cuir gras grainé, supplément. 4 »

Sellettes vernies d'une pièce,

POUR TOUS CHEVAUX

1. Sellette vernie d'une pièce, deux rangs de piqûres, 7 pouces. 28 »
2. Sellette vernie d'une pièce, deux rangs de piqûres, 6 pouces. 26 50
3. Sellette vernie d'une pièce, deux rangs de piqûres, 5 et 5 pouces ¼. 25 50
4. Sellette vernie d'une pièce, trois rangs de piqûres dans le haut, 7 pouces. 30 »
5. Sellette vernie d'une pièce, trois rangs de piqûres dans le haut, 6 pouces. 28 »
6. Sellette vernie d'une pièce, trois rangs de piqûres dans le haut, 5 à 5 p^ces^ ¼ 27 »
7. Sellette vernie d'une pièce, trois rangs de piqûres partout, 5 à 6 pouces... 32 »
8. Sellette vernie d'une pièce, chassant en avant, trois rangs de piqûres partout, 5 à 6 pouces. 35 »

Sellettes vernies d'une pièce,

POUR PONEYS

9. Sellette vernie d'une pièce, deux rangs de piqûres, 5 pouces. 25 »
10. Sellette vernie d'une pièce, trois rangs de piqûres dans le haut, 5 pouces. 26 50
11. Sellette vernie d'une pièce, trois rangs de piqûres dans le haut, 5 pouces. 30 »

Sellettes vernies d'une pièce,

POUR PETITS PONEYS

12. Sellette vernie d'une pièce, deux rangs de piqûres, 4 pouces ¼. 24 »
13. Sellette vernie d'une pièce, trois rangs de piqûres dans le haut, 4 pouces ¼. 25 50

Sellettes vernies d'une pièce *(suite)*.

N°s

14. Sellette vernie d'une pièce, trois rangs de piqûres partout, 4 pouces. 29 »

Tapis de sellettes pour toutes sellettes, vernis, bordés galon toutes nuances, la pièce. 14 »

Tapis de mantelets, bordés galon de toutes nuances, la paire. 26 »

Sellettes vernies, genre Paris,

POUR TOUS CHEVAUX

15. Sellette vernie, genre Paris, les petits quartiers, trois rangs de piqûres.. 32 »
16. Sellette vernie, genre Paris, quartiers chassants, trois rangs de piqûres partout. 36 »

Sellettes mantelets vernies,

POUR TOUS CHEVAUX

17. Sellette mantelet vernie, deux rangs de piqûres, 5 pouces ¼ à 6 pouces ... 29 »
18. Sellette mantelet vernie, deux rangs de piqûres, 4 à 5 pouces. 27 50
19. Sellette mantelet vernie, trois rangs de piqûres dans le haut, 5 ¼ à 6 p^ces^. 31 »
20. Sellette mantelet vernie, trois rangs de piqûres dans le haut, 4 à 5 pouces. 29 50
21. Sellette mantelet vernie, trois rangs de piqûres partout, 5 à 5 pouces ¼... 34 »
22. Sellette mantelet vernie, 3 rangs de piqûres partout, 4 à 4 pouces ¼... 33 »

Sellettes à coulisses vernies.

23. Sellette à coulisse vernie, deux rangs de piqûres, 5 à 6 pouces. 32 »
24. Sellette à coulisse vernie, trois rangs de piqûres partout, 5 à 6 pouces.. 36 »

OBSERVATIONS

Toutes sellettes vernies, sans exception, sont sans garniture.

Toute sellette avec panneaux panne, en remplacement de panneaux drap, supplément... 2 »

Toute sellette avec panneaux cuir grainé, en remplacement de panneaux drap, supplément. 4 »

Il est bon, en faisant votre commande de donner le numéro de la sellette qui vous convient, afin d'éviter toute erreur.

TARIF GÉNÉRAL DES MANTELETS

Mantelets cuir lisse et demi-vernis,

LA PAIRE

SOIT A POIRES OU A QUARTIERS DROITS

N°s

1. Mantelets cuir lisse, panneaux drap.. 27 »
2. Mantelets cuir lisse, panneaux cuir.. 34 »
3. Mantelets demi-vernis, panneaux drap. 29 »
4. Mantelets demi-vernis, panneaux cuir. 36 »

Mantelets vernis.

N°s

5. Mantelets vernis, deux piqûres, panneaux drap. 42 »
6. Mantelets vernis, deux piqûres, panneaux panne. 46 »
7. Mantelets vernis, deux piqûres, panneaux cuir. 56 »

Mantelets vernis *(suite).*

N°s

8. Mantelets vernis, trois piqûres dans le haut, qurtiers chassant en avant, panneaux cuir.................. 60 »
9. Mantelets vernis, trois rangs de piqûres partout, quartiers chassants, panneaux cuir grainé vernis......... 68 »

Mantelets de poste............... 24 »

La garniture n'est pas comprise, et elle est indispensable pour la fabrication desdits mantelets.

OBSERVATIONS

Il est bien entendu que tous les mantelets sont sans leurs garnitures qui se paient en supplément.

Tous mantelets panneaux cuir ne peuvent se faire sans les clefs.

OBSERVATIONS

Tous mantelets poneys, en moins, la paire, que pour tous chevaux...................... 2 »

Tous mantelets petits poneys, en moins, la paire, que pour tous chevaux........ 4 »

TARIF GÉNÉRAL DES PIÈCES DE HARNAIS

Brides complètes toutes montées avec les rênes et le frontail; mais sans le mors, qui fait un supplément.

Brides n° 1, désignées comme suit :

Bride, œillères vernies, deux piqûres montées, à fourreaux; les autres pièces montées à passants; largeur des boucles, 9 lignes; frontail bombé deux piqûres, garniture à jonc, aux prix désignés ci-dessous.

Boucles jonc verni.	Boucles faux piqué.	Boucles jonc cuivre.	Boucles jonc plaqué argent.
11 50	12 75	13 25	14 25

Brides n° 2, désignées comme suit :

Bride, œillères vernies deux piqûres, montées à fourreaux, 9 lignes; frontail bombé deux piqûres, muserolle doublée bombée, garniture à jonc, boucles à lyre à talon, aux prix désignés ci-dessous.

Boucles à talon, jonc verni.	Boucles à talon, jonc cuivre.	Boucles à talon, jonc plaqué argent.
13 75	16 »	17 »

Bride, même désignation du n° 2, garniture faux piqué et méplate, aux prix désignés ci-dessous.

Boucles faux piqué verni.	Boucles méplates, cuivre.	Boucles méplates, plaqué argent.
14 75	16 50	18 »

Brides n° 3, désignées comme suit :

Bride demi-fine, toutes les pièces montées à fourreaux; boucles en 9 lignes, muserolle doublée bombée, frontail à dessins, cocardes contournées, garniture à jonc, boucles à talon, aux prix désignés ci-dessous.

Boucles à talon, jonc verni.	Boucles à talon, jonc cuivre.	Boucles à talon, jonc plaqué argent.	Boucles doubles, jonc cuivre.	Boucles doubles, jonc plaqué argent.
14 75	16 75	17 75	18 25	21 75

Bride, même désignation du n° 3, garniture faux piqué et méplate, aux prix désignés ci-dessous.

Boucles faux piqué verni.	Boucles méplates, cuivre.	Boucles méplates, plaqué argent.	Boucles doubles méplates, cuivre.	Boucles doubles méplates, plaqué argent.
15 75	17 »	18 75	18 75	21 75

Brides n° 4, désignées comme suit :

Bride fine, œillères trois piqûres, panurge au dessus de tête, boucles en 9 lignes, muserolle doublée bombée à losanges, cousue du 13; frontail large quatre piqûres, garniture à jonc, boucles à talon, aux prix désignés ci-dessous.

Boucles à talon, jonc verni.	Boucles à talon, jonc cuivre.	Bboucles à talon, jonc plaqué argent.	Boucles doubles, jonc cuivre.	Boucles doubles, jonc plaqué argent.
20 »	23 »	24 50	25 »	28 »

Bride, même désignation du nº 4, garniture faux piqué et méplate, aux prix désignés ci-dessous.

Boucles faux piqué verni.	Boucles à talon méplates, cuivre.	Boucles à talon méplates, plaqué argent.	Boucles doubles méplates, cuivre	Boucles doubles méplates, plaqué argent.
21 »	23 50	25 »	26 »	29 »

Bride, même désignation du nº 4, garniture à ruban, soit à la russe ou à boules, aux prix désignés ci-dessous.

Boucles lyres, ruban, cuivre.	Boucles lyres, ruban, plaqué argent.	Boucles doubles, ruban, cuivre.	Boucles doubles, ruban, plaqué argent.
26 »	30 »	28 »	34 »

Brides nº 5, désignées comme suit :

Bride surfine, œillères à trois piqûres, panurge au dessus de tête, entre-deux à poire, muserolle à grands losanges, cousue du 14 ; frontail très-joli, cocardes deux contours, garniture à jonc, boucles à talon, aux prix désignés ci-dessous.

Boucles lyres à talon, jonc verni.	Boucles lyres à talon, jonc cuivre.	Boucles lyres à talon, jonc plaqué argent.	Boucles doubles, jonc cuivre.	Boucles doubles, jonc plaqué argent.
21 »	24 »	25 50	26 »	29 »

Bride, même désignation du nº 5, garniture faux piqué et méplate, aux prix désignés ci-dessous.

Boucles faux piqué verni.	Boucles lyres à talon méplates, cuivre.	Boucles lyres à talon méplates, plaqué argent.	Boucles doubles méplates, cuivre.	Boucles doubles méplates, plaqué argent.
22 »	24 50	26 »	27 »	30 »

Bride, même désignation du nº 5, garniture à ruban, soit à la russe ou à boules, aux prix désignés ci-dessous.

Boucles lyres à ruban, cuivre.	Boucles lyres à ruban, plaqué argent.	Boucles doubles à ruban, cuivre.	Boucles doubles à ruban, plaqué argent.
27 »	31 »	29 »	35 »

Bride, même désignation du nº 5, garniture à dos d'âne ou à biseau, aux prix désignés ci-dessous.

Boucles lyres, dos d'âne, cuivre.	Boucles lyres, dos d'âne, plaqué argent.	Boucles doubles, dos d'âne, cuivre.	Boucles doubles, dos d'âne, plaqué argent.
28 »	33 »	31 »	37 »

Brides nº 6, désignées comme suit :

Bride extra-fine, œillères trois piqûres, panurge au dessus de tête, entre-deux des panurges à quatre piqûres, muserolle à quatre piqûres du 14, frontail soit à baguettes ou à clous, cocardes deux contours, toutes les pièces montées à fourreaux bombés, garniture à jonc, boucles à talon, aux prix désignés ci-dessous.

Boucles lyres à talon, jonc verni.	Boucles lyres à talon, jonc cuivre.	Boucles lyres à talon, jonc plaqué argent.	Boucles doubles, jonc cuivre.	Boucles doubles, jonc plaqué argent.
24 »	27 »	28 »	29 »	32 »

Bride, même désignation du nº 6, garniture faux piqué et méplate, aux prix désignés ci-dessous.

Boucles lyres faux piqué verni.	Boucles lyres méplates, cuivre.	Boucles lyres méplates, plaqué argent.	Boucles doubles méplates, cuivre.	Boucles doubles méplates, plaqué argent.
25 »	27 »	29 »	30 »	33 »

Bride, même désignation du nº 6, garniture à ruban, à boules ou à la russe, aux prix désignés ci-dessous.

Boucles lyres à ruban, cuivre.	Boucles lyres à ruban, plaqué argent.	Boucles doubles à ruban, cuivre.	Boucles doubles à ruban, plaqué argent.
30 »	34 »	32 »	38 »

Bride, même désignation du nº 6, garniture à dos d'âne ou à biseaux, aux prix désignés ci-dessous.

Boucles lyres, dos d'âne, cuivre.	Boucles lyres, dos d'âne, plaqué argent.	boucles doubles, dos d'âne, cuivre.	Boucles doubles, dos d'âne, plaqué argent.
31 »	36 »	34 »	40 »

Bride, même désignation du n° 6, garniture toute enveloppée, sans exception, au prix désigné ci-après .... 32 »

Bride, même désignation du n° 6, garniture en bronze aluminium, imitant l'or, à ruban, au prix désigné ci-après .... 42 »

Brides n° 7, désignées comme suit :

Bride extra-riche, panurge à crochets au dessus de tête, muserolle à grands dessins, à quatre piqûres du 15; un riche frontail, toutes les pièces montées à fourreaux bombés, finis à la main et tous cousus en dessous à points voyants; porte-œillères à fourche doublée bombée, garniture à jonc, boucles à talon, aux prix désignés ci-dessous.

Boucles à talon, jonc cuivre.	Boucles à talon, jonc plaqué argent.	Boucles doubles, jonc cuivre.	Boucles doubles, jonc plaqué argent.
32 »	35 »	34 »	39 »

Bride, même désignation du n° 7, garniture méplate, aux prix désignés ci-dessous.

Boucles méplat à talon, cuivre.	Boucles méplat à talon, plaqué argent.	Boucles méplat doubles, cuivre.	Boucles méplat doubles, plaqué argent.
32 »	36 »	35 »	40 »

Bride, même désignation du n° 7, garniture à ruban, à boules ou à la russe, aux prix désignés ci-dessous.

Boucles à ruban, cuivre.	Boucles à ruban, plaqué argent.	Boucles doubles à ruban, cuivre.	Boucles doubles à ruban, plaqué argent.
36 »	43 »	38 »	47 »

Bride, même désignation du n° 7, garniture à dos d'âne ou à biseaux, aux prix désignés ci-dessous.

Boucles à dos d'âne, cuivre.	Boucles à dos d'âne, plaqué argent.	Boucles doubles à dos d'âne, cuivre.	Boucles doubles à dos d'âne, plaqué argent.
37 »	46 »	40 »	50 »

Bride, même désignation du n° 7, garniture toute enveloppée, sans exception, au prix désigné ci-après .... 38 »

Bride, même désignation du n° 7, garniture en bronze aluminium, imitant l'or, à ruban, au prix désigné ci-après .... 50 »

OBSERVATIONS DÉSIGNÉES COMME SUIT :

Toute bride avec garniture jonc verni ou faux piqué verni, avec panurge contournée, soit blanc ou jaune, supplément par bride de........ 1 30

Toute bride à jonc verni ou faux piqué verni, avec panurge, soit cuivre, plaqué argent, soit à jonc, soit méplate, soit ruban, soit dos d'âne ou en bronze aluminium, en remplacement de panurges à jonc verni ou faux piqué, se paient en supplément, suivant la différence; voir plus loin le prix des panurges.

Toute bride avec grandes rênes de filet, à panurge, supplément .... » 50

Les mêmes brides, avec panurges à chaînes cuivre, supplément .... 4 »

Les mêmes brides, avec panurges à chaînes en maillechort argenté, supplément........ 5 »

Toutes brides, sans exception, avec couronnes ou avec lettres capitales, gothiques ou entrelacées, à la renaissance, séparées en supplément, suivant la valeur; voir le prix de ces articles ou tout autre ornement, page 14.

AUTRES OBSERVATIONS

Toutes brides poneys, sans exception, en moins que pour tous chevaux........ » 25

Toutes brides petits poneys, sans exception, en moins que pour tous chevaux........ » 50

Toutes brides petits corses ou tarbes, sans exception, en moins que pour tous chevaux.... » 75

Œillères montées à fourreaux.

Nos

1. Œillères, deux rangs, montées à fourreaux, avec porte-œillères rond et sanglons cuir simple.......... 5 »
2. Œillères demi-fines, montées à fourreaux, porte-œillères ronds et sanglons simples.................. 5 50
3. Œillères fines, trois rangs, montées à fourreaux, porte-œillères rond et sanglons doublés bombés......... 7 »
4. Œillères surfines, trois rangs, montées à fourreaux bombés, porte-œillères rond et sanglons doublés bombés...................... 7 25
5. Œillères extra-fines, montées à fourreaux bombés, finis à la main, porte-œillères à fourche, doublé bombé...................... 8 25
6. Œillères extra-riches, montées à fourreaux bombés, cousus à points voyants, porte-œillères à fourche. 9 75

OBSERVATIONS

Les œillères à fourreaux nos 1 et 2, sans porte-œillères en moins, la paire........ » 25

Les œillères à fourreaux nos 3 et 4, sans porte-œillères, en moins, la paire....... » 50

Les œillères à fourreaux nos 5 et 6, sans porte-œillères à fourche, en moins, la paire............................ 1 »

Toutes œillères montées avec leurs boucles, se paient suivant leur valeur (voir plus loin le prix des boucles), plus la pose, qui est de......................... » 50

Muserolles de brides en tous genres.

1. Muserolle doublée bombée, cousue du 12, la pièce...................... 1 50
2. Muserolle doublée bombée, cousue du 13, la pièce...................... 1 75
3. Muserolle doublée bombée, du 14, avec losanges.................. 2 »
4. Muserolle doublée bombée, à dessins, du 14, grands losanges.......... 2 25
5. Muserolle doublée bombée, à dessins, grands losanges du 15.......... 2 50
6. Muserolle avec anneaux et quatre coutures du 15.................... 3 50
7. Muserolle à jour, à jonc, quatre coutures du 16.................... 5 »

Ronds de rênes prêts à monter.

Nos

1. Ronds de rênes, la douzaine de paires 17 »
2. Ronds de grandes rênes, à panurges, la paire.......................... 2 »
3. Ronds de rênes, montés avec leurs sanglons, prêts à recevoir les boules, la douzaine de paires........... 2 »

Les garnitures de ronds de rênes, boucles et anneaux, se paient suivant leur valeur; voir plus loin le prix des boucles à lyre et des anneaux; plus la pose des boucles et anneaux, qui est, par paire, de.......... » 25

Plats de rênes.................. 1 25

Œillères non montées pour tous chevaux.

1. Œillères, deux piqûres, la dne de paires 26 »
». Œillères, deux piqûres, par paire.... 2 25
2. Œillères demi-fines, la douz. de paires 29 »
». Œillères demi-fines, par paire...... 2 50
3. Œillères fines, trois piqûres, la paire 4 »
4. Œillères vernies, trois piqûres, grand carrosse, la paire................ 4 50

Œillères poney, en moins par paire que pour tous chevaux.................... » 25

Porte-Œillères.

1. Ronds de porte-œillères, la douzaine. 3 50
2. Porte-Œillères à fourche, extra-fin, cousu du 15, la pièce............ 1 25

Dessus de têtes

A plaque, avec entre-deux de panurges (non compris les panurges, ni boucles ni anneaux.)

1. Dessus de tête à plaque, entre-deux de panurges, quatre rangs du 12..... 2 50
2. Dessus de tête à plaque, entre-deux de panurges à poire, à deux rangs, cousus du 14................. 3 »
3. Dessus de tête à plaque, entre-deux de panurges à poire, à quatre rangs, cousus du 15 et sanglons de grandes rênes à panurges.............. 3 75

OBSERVATIONS

Pour vous rendre compte du prix de revient des dessus de tête, voyez les garnitures de dessus de tête à votre choix; ajoutez leur valeur aux prix désignés ci-dessus, et vous serez fixé sur les prix.

Panurges, Boucles et Anneaux, voir plus loin.

FRONTEAUX EN TOUS GENRES

Nos			
1.	Fronteaux unis plats, en mouton, cocardes contournées....... la douz. 9 »,	9 50 et	10 »
2.	Fronteaux mouton, bombés, deux piqûres, cocardes contournées. la douz.	12 » et	13 »
3.	Fronteaux mouton, à dessins découpés, à damiers, à jonc..................	la douz.	15 50
4.	Fronteaux mouton, bombés à clous, cocardes contournées, un clou	—	15 »
5.	Fronteaux à damiers, à clous, avec cocardes un contour et clou..	—	17 »
6.	Fronteaux à damiers, feuille cuivre, cocardes un contour	—	20 »
7.	Fronteaux larges, quatre piqûres, cocardes un contour	—	24 »
8.	Fronteaux larges, jonc découpé, quatre piqûres, cocardes deux contours.......	—	22 »
9.	Fronteaux larges, découpés, quatre piqûres, cocardes deux contours	—	24 »

FRONTEAUX EN TOUS GENRES (suite).

Nos			
10.	Fronteaux larges, à clous, quatre piqûres, cocardes deux contours	la douz.	24 »
11.	Fronteaux larges, crêtes découpées, quatre piqûres, cocardes deux contours	—	27 »
12.	Fronteaux très-larges, quatre piqûres à jonc et baguettes couleurs, cocardes deux contours	—	33 »
13.	Fronteaux très-larges, à rigoles, deux piqûres, avec jonc sur le bord, cocardes macaron	—	30 »
	Tous ces fronteaux, avec cocardes macaron, supplément par	—	6 »
14.	Fronteaux à grelots et sonnettes Saint-Antoine	la pièce.	3 50
15.	Fronteaux mouton, à chaînes impériales cuivre, cocardes deux contours	—	5 50
16.	Fronteaux mouton, à chaînes impériales maillechort, cocardes deux contours	—	6 50

FRONTEAUX EN VEAU

1.	Fronteaux unis, 16 lignes, cocardes un contour	la douz.	27 »
2.	Fronteaux à petit jonc, quatre piqûres, cocardes un contour et clou	la pièce.	3 50
3.	Fronteaux rigoles couleurs, deux piqûres, avec jonc sur le bord, cocardes un contour	—	3 50
4.	Fronteaux rigoles couleurs, deux piqûres, avec jonc sur le bord, cocarde macaron.	—	3 75
5.	Fronteaux à jonc et crêtes, quatre piqûres, cocardes deux contours	—	3 75
6.	Fronteaux trois joncs découpés, quatre piqûres, cocardes deux contours	—	4 »
7.	Fronteaux baguette, 4 piqûres, cocardes deux contours	—	4 »
8.	Fronteaux jonc et rigoles, 4 piqûres, cocardes deux macarons	—	4 50
9.	Fronteaux quatre piqûres, avec clous olives, cocardes deux contours	—	4 75
10.	Fronteaux quatre piqûres, à chaînes impériales cuivre, cocardes deux contours.	—	6 50
11.	Fronteaux quatre piqûres, à chaînes impériales maillechort argenté, cocardes deux contours	—	7 50
12.	Fronteaux unis, cintrés, une baguette cuivre, cocardes deux contours	—	4 »
13.	Fronteaux unis, cintrés, une baguette argent, cocardes deux contours	—	4 50
14.	Fronteaux cintrés, quatre piqûres, une baguette cuivre, cocardes deux contours.	—	4 75
15.	Fronteaux cintrés, quatre piqûres, une baguette argent, cocardes deux contours.	—	5 »
16.	Fronteaux fantaisie, en velours uni, cocardes à turban	—	4 »
17.	Fronteaux fantaisie, buffle poncé blanc, cocardes à turban	—	3 »
18.	Fronteaux fantaisie ou ruban soie toutes nuances, cocardes tout soie, avec flots.	—	11 »

1.	Fronteaux de selles, unis, cocardes un contour	1 50
2.	Fronteaux de selles, un jonc, deux piqûres, cocardes contournées	1 75
3.	Fronteaux de selles, un jonc découpé, deux piqûres, cocardes contournées	2 »
4.	Fronteaux de selles, un ruban, avec cocardes	5 50

COCARDES

1.	Cocardes laine, toutes couleurs	la douz.	de paires.	7 50
2.	Cocardes laine, crête de coq	—	—	9 »
3.	Cocardes cuir verni, découpées	—	—	3 50
4.	Cocardes vernies, un contour jaune et blanc	—	—	5 »
5.	Cocardes vernies, deux contours	—	—	9 »
6.	Cocardes vernies, macaron	—	—	12 »
7.	Cocardes vernies, deux macarons	—	—	24 »
8.	Cocardes cuivre repoussé	—	—	8 »
9.	Cocardes cuivre fondu, forme macaron, petites		la paire.	1 25
10.	Cocardes cuivre fondu, forme macaron, grand modèle		—	1 50
11.	Cocardes cuivre fondu, plates, à biseaux et clous		—	1 75
12.	Cocardes cuivre fondu, plates, à biseaux, avec chiffres		—	7 »
13.	Cocardes cuivre fondu, plates, à biseaux, avec ornements		—	4 »
14.	Cocardes coquillées, jaunes ou blanches, ciselées, petites		—	2 75
15.	Cocardes coquillées, jaunes ou blanches, ciselées, grand modèle		—	3 50
16.	Cocardes de selles, en ruban de toutes nuances		—	3 50
17.	Cocardes de voitures, en ruban de toutes nuances		—	8 »
18.	Cocardes de carrosses, en ruban de toutes nuances		—	8 »

BOUCLETEAUX DE TRAITS POUR TOUS CHEVAUX

Boucleteaux de traits prêts à river aux attelles et Arrière-Traits finis, mêmes prix, suivant la garniture.

Boucleteaux de traits n° 1, désignés comme suit :

Boucleteaux de traits ou arrière-traits, cousus du 10, coupés en 18 lignes, montés à fourreaux, avec boucles à jonc, aux prix désignés ci-dessous.

Boucles, jonc verni.	Boucles, jonc cuivre.	Boucles, jonc plaqué argent.	Boucles doubles, jonc cuivre.	Boucles doubles, jonc plaqué argent.
5 »	6 25	6 50	7 50	9 »

Boucleteaux, même désignation du n° 1, avec garniture méplate et faux piqué, aux prix désignés ci-dessous.

Boucles, faux piqué.	Boucles méplates, cuivre.	Boucles méplates, plaqué argent.	Boucles doubles méplates, cuivre.	Boucles doubles méplates, plaqué argent.
5 75	6 50	6 75	8 »	9 50

Boucleteaux de traits n° 2, désignés comme suit :

Boucleteaux de traits ou arrière-traits, cousus du 12, coupés en 18 lignes, montés à fourreaux, avec boucles à jonc, aux prix désignés ci-dessous.

Boucles, jonc verni.	Boucles, jonc cuivre.	Boucles, jonc plaqué argent.	Boucles doubles, jonc cuivre.	Boucles doubles, jonc plaqué argent.
5 50	6 75	7 »	8 »	9 50

Boucleteaux de traits ou arrière-traits, même désignation du n° 2, garniture méplate et faux piqué, aux prix désignés ci-dessous.

Boucles, faux piqué.	Boucles méplates, cuivre.	Boucles méplates, plaqué argent.	Boucles doubles méplates, cuivre.	Boucles doubles méplates, plaqué argent.
6 25	7 25	7 50	8 50	10 »

Boucleteaux de traits ou arrière-traits, même désignation du n° 2, garniture à ruban, aux prix désignés ci-dessous.

Boucles, ruban, cuivre.	Boucles, ruban, plaqué argent.	Boucles doubles, ruban, cuivre.	Boucles doubles, ruban, plaqué argent.
8 »	9 50	9 25	11 50

Boucleteaux de traits ou arrière-traits, même désignation du n° 2, garniture à dos d'âne ou à biseaux, aux prix désignés ci-dessous.

Boucles, dos d'âne, cuivre.	Boucles, dos d'âne, plaqué argent.	Boucles doubles, dos d'âne, cuivre.	Boucles doubles, dos d'âne, plaqué argent.
8 50	10 »	9 75	12 »

Boucleteaux de traits n° 3, désignés comme suit :

Boucleteaux de traits ou arrière-traits, bombés, cousus du 13, coupés en 18 lignes, montés à fourreaux bombés, avec boucles à jonc, aux prix désignés ci-dessous.

Boucles, jonc verni.	Boucles, jonc cuivre.	Boucles, jonc plaqué argent.	Boucles doubles, jonc cuivre.	Boucles doubles, jonc plaqué argent.
6 »	7 25	7 50	8 50	10 »

Boucleteaux de traits ou arrière-traits, même désignation du n° 3, garniture méplate et faux piqué, aux prix désignés ci-dessous.

Boucles, faux piqué.	Boucles méplates, cuivre.	Boucles méplates, plaqué argent.	Boucles doubles méplates, cuivre.	Boucles doubles méplates, plaqué argent.
6 75	7 75	8 »	9 »	10 50

Boucleteaux de traits ou arrière-traits, même désignation du n° 3, garniture à ruban ou à la russe, au prix désignés ci-dessous.

Boucles, ruban, cuivre.	Boucles, ruban, plaqué argent.	Boucles doubles, ruban, cuivre.	Boucles doubles, ruban, plaqué argent.
8 50	10 »	9 75	12 »

Boucleteaux de traits et arrière-traits, même désignation du n° 3, garniture à dos d'âne ou à biseaux, aux prix désignés ci-dessous.

Boucles, dos d'âne, cuivre.	Boucles, dos d'âne, plaqué argent.	Boucles doubles, dos d'âne, cuivre.	Boucles doubles, dos d'âne, plaqué argent.
9 »	10 50	10 25	12 50

Boucleteaux de traits n° 4, désignés comme suit :

Boucleteaux de traits ou arrière-traits, bombés, cousus du 14, coupés en 18 lignes, montés à feutre et fourreaux; bombés finis à la main, cousus à points voyants, avec boucles à jonc, aux prix désignés ci-dessous.

Boucles, jonc verni.	Boucles, jonc cuivre.	Boucles, jonc plaqué argent.	Boucles doubles, jonc cuivre.	Boucles doubles, jonc plaqué argent.
7 50	8 75	9 »	10 »	11 50

Boucleteaux de traits ou arrière-traits, même désignation du n° 4, garniture méplate et faux piqué, aux prix désignés ci-dessous.

Boucles, faux piqué.	Boucles méplates, cuivre.	Boucles méplates, plaqué argent.	Boucles doubles méplates, cuivre.	Boucles doubles méplates, plaqué argent.
8 25	9 25	9 50	10 50	12 »

Boucleteaux de traits ou arrière-traits, même désignation du n° 4, garniture à ruban ou à la russe, aux prix désignés ci-dessous.

Boucles, ruban, cuivre.	Boucles, ruban, plaqué argent.	Boucles doubles, ruban, cuivre.	Boucles doubles, ruban, plaqué argent.
10 »	11 50	11 25	13 50

Boucleteaux de traits et arrière-traits, même désignation du n° 4, garniture à dos d'âne ou à biseaux, aux prix désignés ci-dessous.

Boucles, dos d'âne, cuivre.	Boucles, dos d'âne, plaqué argent.	Boucles doubles, dos d'âne, cuivre.	Boucles doubles, dos d'âne, plaqué argent.
10 50	13 »	12 75	15 »

Boucleteaux de traits et arrière-traits, même désignation du n° 4 désigné ci-dessus, garniture boucles toutes enveloppées, au prix désigné ci-après.......... 11 »

Boucleteaux de traits et arrière-traits, même désignation du n° 4 désigné ci-dessus, avec garniture boucles en bronze aluminium imitant l'or, à ruban, au prix désigné ci-après........ 16 »

Boucleteaux de traits et arrière-traits, pour poney, coupés en 17 lignes, même désignation pour tous chevaux, nos 1, 2, 3 et 4, en moins, la paire.......... » 25

Boucleteaux de traits et arrière-traits, petit pour poney, coupés en 16 lignes, même désignation pour tous chevaux, nos 1, 2, 3 et 4, en moins, la paire.......... » 50

Boucleteaux de traits et arrière-traits, pour corse ou tarbe, coupés en 15 lignes, même désignation pour tous chevaux, nos 1, 2, 3 et 4, en moins, la paire.......... » 75

Nos 1. Enveloppages d'attelles cuir gras, cousus sur les attelles, la paire.......... 1 75
2. Enveloppages d'attelles cuir verni, cousus sur les attelles, la paire.......... 2 50

OBSERVATION

Si vous désirez les attelles toutes enveloppées, soit cuir gras ou cuir verni, plus les boucleteaux rivés aux attelles; pour vous rendre compte du prix de revient, voyez le prix des boucleteaux ci-contre, et plus loin, le prix des enveloppes et le prix des attelles; en réunissant ces trois objets, vous avez le prix de n'importe quelles attelles, toutes garnies de leurs boucleteaux.

TRAITS DE CABRIOLETS POUR TOUS CHEVAUX

Traits cabriolet coupés en 18 lignes, soit plats ou bombés, désignés comme suit.

Nos 1.	Traits cousus à quatre coutures du 10 au pouce	la paire.	15 »
».	Traits cousus à quatre coutures du 10 au pouce, extra-forts	—	16 »
2.	Traits cousus à quatre coutures du 12 au pouce	—	17 »
3.	Traits bombés cousus à quatre coutures du 12 au pouce	—	19 »
4.	Traits bombés cousus à quatre coutures du 13 au pouce	—	20 »

Traits cabriolet pour poneys, coupés en 17 lignes, soit plats ou bombés, désignés comme suit.

5.	Traits cousus à quatre coutures du 10 au pouce	la paire.	14 »
6.	Traits cousus à quatre coutures du 12 au pouce	—	16 »
7.	Traits bombés cousus à quatre coutures du 12 au pouce	—	18 »

Traits cabriolet pour petits poneys, coupés en 16 lignes, soit plats ou bombés, désignés comme suit.

8.	Traits cousus à quatre coutures du 10 au pouce	la paire.	13 »
9.	Traits cousus à quatre coutures du 12 au pouce	—	15 »
10.	Traits bombés cousus à quatre coutures du 12 au pouce	—	17 »

Traits cabriolet pour corses ou tarbes, coupés en 15 lignes, soit plats ou bombés, désignés comme suit.

11.	Traits cousus à quatre coutures du 10 au pouce	la paire.	12 »
12.	Traits cousus à quatre coutures du 12 au pouce	—	14 »
13.	Traits bombés cousus à quatre coutures du 12 au pouce	—	16 »

OBSERVATIONS

Tous traits, sans exception, prêts à river aux attelles, pas de changement de prix.

Les traits de poneys, petits poneys et corses, leurs longueurs sont proportionnées à leurs largeurs; pour vous renseigner, voyez le tableau des longueurs et largeurs, pages 3, 4 et 5.

Tous traits, sans exception, rivés aux attelles, en plus par paire .... 1 »

DOSSIÈRES POUR TOUS CHEVAUX

Dossières coupées en 18 lignes, soit plates ou bombées, désignées comme suit.

Nos 1.	Dossière cousue à quatre coutures du 10 au pouce	la pièce.	4 »
2.	Dossière cousue à quatre coutures du 12 au pouce	—	4 50
3.	Dossière bombée cousue du 12 au pouce	—	5 50
4.	Dossière bombée cousue du 13 au pouce	—	6 »

Les dossières pour tous chevaux, coupées en 16 lignes, en moins par pièce .... 25 »

Dossières pour poneys, coupées en 16 lignes, soit plates ou bombées, désignées comme suit.

5.	Dossière cousue à quatre coutures du 10 au pouce	la pièce.	3 75
6.	Dossière cousue à quatre coutures du 12 au pouce	—	4 25
7.	Dossière bombée cousue du 12 au pouce	—	5 25

Dossières pour petits poneys, coupées en 15 lignes, soit plates ou bombées, désignées comme suit.

8.	Dossière cousue à quatre coutures du 10 au pouce	la pièce.	3 50
9.	Dossière cousue à quatre coutures du 12 au pouce	—	4 »
10.	Dossière bombée cousue du 12 au pouce	—	5 »

Dossières pour corses ou tarbes, coupées en 14 lignes, soit plates ou bombées, désignées comme suit :

11.	Dossière cousue à quatre coutures du 12 au pouce	la pièce.	3 25
12.	Dossière cousue à quatre coutures du 12 au pouce	—	3 75
13.	Dossière bombée cousue du 12 au pouce	—	4 75

OBSERVATION

Les dossières poneys, petits poneys et corses ou tarbes, les longueurs et largeurs sont proportionnées; pour vous renseigner, voyez le tableau des longueurs et largeurs, pages 3, 4 et 5.

MANCELLES POUR SELLETTES-MANTELETS

Mancelles cuir et façon, coupées en 15 ou 16 lignes, doublées; les chapes de mancelles ne sont pas comprises; mancelles faites désignées comme suit.

Nos 1.	Mancelles cuir et façon, doublées plates, deux rangs du 12 au pouce.........	la paire.	2 »
2.	Mancelles cuir et façon, doublées bombées, deux rangs du 12 au pouce.......	—	2 50
3.	Mancelles cuir et façon, doublées bombées, deux rangs et losanges du 12 au pouce	—	2 75
4.	Mancelles cuir et façon, doublées bombées, quatre rangs du 14 au pouce.....	—	3 50
5.	Mancelles cuir et façon, doublées bombées, quatre rangs du 15 au pouce.....	—	4 »

Les mêmes mancelles désignées ci-dessous, cuir et façon, nos 1, 2, 3 et 4, coupées en 13 ou 14 lignes, en moins par paire.. 25 »

OBSERVATION

Pour vous rendre compte du prix de revient de la paire de mancelles, avec les chapes à écrous, soit vernis, cuivre, plaqué argent, maillechort; soit jonc, faux piqué, méplates, ruban, dos d'âne ou enveloppées; voyez plus loin les prix, suivant votre choix, des chapes à écrous, et ajoutez leur valeur aux mancelles cuir et façon, et vous aurez le prix des mancelles toutes finies.

PORTE-BRANCARDS

Enveloppés avec leurs sanglons, coupés en 14 lignes, soit en cuir simple ou doublé, plats ou bombés.

Porte-Brancards n° 1, désignés comme suit .

Porte-Brancards enveloppés, avec sanglons, cuir simple, boucles à jonc, aux prix désignés ci-dessous.

Boucles, jonc verni.	Boucles, faux piqué.	Boucles, jonc cuivre.	Boucles, jonc plaqué argent.
6 »	7 »	9 »	10 50

Porte-Brancards n° 2, désignés comme suit :

Porte-Brancards enveloppés, avec sanglons, doublés plats, cousus du 10 au pouce; boucles à jonc, aux prix désignés ci-dessous.

Boucles, jonc verni.	Boucles, jonc cuivre.	Boucles, jonc plaqué argent.
7 »	10 »	10 50

Porte-Brancards, même désignation du n° 2, avec boucles faux piqué et méplates, aux prix désignés ci-dessous.

Boucles, faux piqué verni.	Boucles méplates, cuivre.	Boucles méplates, plaqué argent.
8 »	10 50	11 »

Porte-Brancards n° 3, désignés comme suit :

Porte-Brancards enveloppés, avec sanglons, doublés plats, cousus du 12 au pouce, boucles jonc, aux prix désignés ci-dessous.

Boucles, jonc verni.	Boucles, jonc cuivre.	Boucles, jonc plaqué argent.	Boucles doubles, jonc cuivre,	Boucles doubles, jonc plaqué argent.
7 50	10 50	11 »	12 50	14 »

Porte-Brancards, même désignation du n° 3, boucles faux piqué et méplates, aux prix désignés ci-dessous.

Boucles, faux piqué	Boucles méplates, cuivre.	Boucles méplates, plaqué argent.	Boucles doubles méplates, cuivre.	Boucles doubles méplates, plaqué argent.
8 50	11 »	11 50	13 »	14 50

Porte-Brancards, même désignation du n° 3, boucles à ruban, aux prix désignés ci-dessous.

Boucles, ruban, cuivre.	Boucles, ruban, plaqué argent.	Boucles doubles, ruban, cuivre.	Boucles doubles, ruban, plaqué argent.
11 50	13 »	13 50	15 50

Porte-Brancards, même désignation du n° 3, boucles à dos d'âne ou à biseaux, aux prix désignés ci-dessous.

Boucles, dos d'âne ou à biseaux, cuivre.	Boucles, dos d'âne ou à biseaux, plaqué argent.	Boucles doubles, dos d'âne ou à biseaux, cuivre.	Boucles doubles, dos d'âne ou à biseaux, plaqué argent.
12 »	13 50	15 »	18 »

Porte-Brancards n° 4, désignés comme suit :

Porte-Brancards enveloppés, avec sanglons, doublés bombés, cousus du 13 au pouce, boucles à jonc, aux prix désignés ci-dessous.

Boucles, jonc verni.	Boucles, jonc cuivre.	Boucles, jonc plaqué argent.	Boucles doubles, jonc cuivre.	Boucles doubles, jonc plaqué argent.
9 50	12 50	13 »	14 50	16 »

Porte-Brancards, même désignation du n° 4, boucles faux piqué et méplates, aux prix désignés ci-dessous :

Boucles, faux piqué.	Boucles méplates, cuivre.	Boucles méplates, plaqué argent.	Boucles doubles méplates, cuivre.	Boucles doubles méplates, plaqué argent.
10 50	13 »	13 50	15 »	16 50

Porte-Brancards, même désignation du n° 4, boucles à ruban, aux prix désignés ci-dessous.

Boucles, ruban, cuivre.	Boucles, ruban, plaqué argent.	Boucles doubles, ruban, cuivre.	Boucles doubles, ruban, plaqué argent.
13 50	15 »	15 50	17 50

Porte-Brancards, même désignation du n° 4, boucles à dos d'âne ou à biseaux, aux prix désignés ci-dessous.

Boucles, dos d'âne, cuivre.	Boucles, dos d'âne, plaqué argent.	Boucles doubles, dos d'âne, cuivre.	Boucles doubles, dos d'âne, plaqué argent.
14 »	15 50	17 »	20 »

Porte-Brancards n° 5, désignés comme suit :

Porte-Brancards enveloppés, avec sanglons, doublés bombés, cousus à quatre coutures du 15 au pouce, boucles à jonc, aux prix désignés ci-dessous.

Boucles, jonc verni.	Boucles, jonc cuivre.	Boucles, jonc plaqué argent.	Boucles doubles, jonc cuivre.	Boucles doubles, jonc plaqué argent.
11 50	14 50	15 »	16 50	18 »

Porte-Brancards, même désignation du n° 5, boucles faux piqué et méplates, aux prix désignés ci-dessous.

Boucles, faux piqué.	Boucles méplates, cuivre.	Boucles méplates, plaqué argent	Boucles doubles méplates, cuivre.	Boucles doubles méplates, plaqué argent.
12 50	15 »	15 50	17 »	18 50

Porte-Brancards, même désignation du n° 5, boucles à ruban, aux prix désignés ci-dessous.

Boucles, ruban, cuivre.	Boucles, ruban, plaqué argent.	Boucles doubles, ruban, cuivre.	Boucles doubles, ruban, plaqué argent.
15 50	17 »	17 50	19 50

Porte-Brancards, même désignation du n° 5, boucles à dos d'âne ou biseaux, aux prix désignés ci-dessous.

Boucles, dos d'âne, cuivre.	Boucles, dos d'âne, plaqué argent.	Boucles doubles, dos d'âne, cuivre.	Boucles doubles, dos d'âne, plaqué argent.
16 »	17 50	19 »	22 »

Porte-brancards, même désignation du n° 5, avec boucles enveloppées, au prix désigné ci-après....... 24 »

Porte-brancards, même désignation du n° 5, boucles en bronze aluminium imitant l'or, à ruban, au prix désigné ci-après....... 27 »

OBSERVATIONS

Pas de changement de prix des porte-brancards pour poneys, petits poneys, corses ou tarbes.

PORTE-BRANCARDS

Enveloppés seulement de 14 à 18 lignes, mêmes prix, non compris les sanglons.

Porte-brancards à jonc enveloppés, aux prix désignés ci-dessous.

Nos 1.	Porte-brancards, jonc verni		3 50
2.	Porte-brancards, jonc cuivre		6 »
3.	Porte-brancards, jonc plaqué argent		6 75
4.	Porte-brancards, boucles doubles, jonc cuivre		8 50
5.	Porte-brancards, boucles doubles, jonc plaqué argent		9 50

Porte-brancards faux piqué et méplats enveloppés, aux prix désignés ci-dessous.

6.	Porte-brancards, boucles, faux piqué		4 50
7.	Porte-brancards, boucles méplates, cuivre		7 »
8.	Porte-brancards, boucles méplates, plaqué argent		7 50
9.	Porte-brancards, boucles doubles méplates, cuivre		9 »
10.	Porte-brancards, boucles doubles méplates, plaqué argent		10 50

Porte-brancards à ruban enveloppés, aux prix désignés ci-dessous.

11.	Porte-brancards, boucles à ruban, cuivre		7 50
12.	Porte-brancards, boucles à ruban, plaqué argent		9 50
13.	Porte-brancards, boucles doubles à ruban, cuivre		9 50
14.	Porte-brancards, boucles doubles à ruban, plaqué argent		11 »

Porte-brancards à dos d'âne ou à biseaux enveloppés, aux prix désignés ci-dessous.

15.	Porte-brancards, boucles dos d'âne, cuivre		8 »
16.	Porte-brancards, boucles dos d'âne, plaqué argent		10 »
17.	Porte-brancards, boucles doubles dos d'âne, cuivre		10 50
18.	Porte-brancards, boucles doubles dos d'âne, plaqué argent		13 50
Nos 1.	Feutres de porte-brancards en cuir verni simple	la paire.	1 »
2.	Feutres de porte-brancards, pour harnais riche, faits en cuir lisse doublé et à passants	—	2 50

SANGLONS DE SELLETTES

Sanglons de sellettes, la paire, cuir simple ou doublé, coupés en 14 lignes, aux prix désignés comme suit :

Nos 1.	Sanglons de sellette, cuir simple, noirci en dessous	la paire.	1 »
2.	Sanglons de sellette doublés plats, du 12 au pouce	—	1 75
3.	Sanglons de sellette doublés bombés, du 14 au pouce	—	2 »
4.	Sanglons de sellette doublés bombés, quatre rangs, du 15 au pouce	—	2 50

SOUS-VENTRIÈRES

Sous-ventrières et Coulants de cabriolets pour tous chevaux, boucles en 14 lignes, aux prix désignés ci-dessous.

Nos 1. Sous-ventrière et son Coulant, avec les quatre boucles simples, jonc verni, 14 lignes, au prix ci-après........ 3 50
2. Sous-ventrière et son Coulant, avec boucles doubles, jonc verni, 14 lignes, au prix ci-après. 4 »
3. Sous-ventrière et son Coulant, avec boucles doubles, jonc verni, 14 lignes, noircies en dessous, au prix ci-après........ 4 50
4. Sous-ventrière et son Coulant, le tout doublé; boucles doubles, jonc verni, 14 lignes, au prix ci-après........ 6 »
5. Sous-ventrière et son Coulant, avec boucles simples, faux piqué, 14 lignes, au prix ci-après. 4 75
6. Sous-ventrière et son Coulant, avec boucles doubles, faux piqué, 14 lignes, noircies en dessous, au prix ci-après........ 5 25
7. Sous-ventrière et son Coulant, le tout doublé; boucles doubles, faux piqué, 14 lignes, au prix ci-après........ 6 75

SOUS-VENTRIÈRES ET COULANTS PONEYS

Sous-ventrière et son Coulant, nos 1, 2, 3, 4, 5, 6, 7, même désignation que pour tous chevaux, faits pour poney; en moins que pour tous chevaux........ » 25

SOUS-VENTRIÈRES ET COULANTS PETITS PONEYS

Sous-ventrière et son Coulant, nos 1, 2, 3, 4, 5, 6, 7, même désignation que pour tous chevaux, faits pour petit poney; en moins que pour tous chevaux........ » 50

SOUS-VENTRIÈRES ET COULANTS POUR CORSES OU TARBES

Sous-Ventrière et son Coulant, nos 1, 2, 3, 4, 5, 6, 7, même désignation que pour tous chevaux, faits pour corse ou tarbe; en moins que pour tous chevaux........ » 75

OBSERVATION

Pour les longueurs et largeurs, voyez le tableau page 5.

RECULEMENTS POUR CABRIOLETS COMPLETS

POUR TOUS CHEVAUX

Reculements n° 1, désignés comme suit :

Reculement monté à passants, les cuirs coupés en 9, 12, 17 lignes; derrière bombé, cousu du 10 au pouce, garniture à jonc, aux prix désignés ci-dessous.

Garniture, jonc verni.	Garniture, faux piqué.	Garniture, jonc cuivre.	Garniture, jonc plaqué argent.
16 »	17 »	18 »	19 »

Reculements n° 2, désignés comme suit :

Reculement monté à fourreaux, les cuirs coupés en 9, 12, 17 lignes; derrière bombé, cousu du 10 au pouce, garniture à jonc, à talon, aux prix désignés ci-dessous.

Garniture, à talon, jonc verni.	Garniture, à talon, faux piqué.	Garniture, à talon, jonc cuivre.	Garniture, à talon, jonc plaqué argent.
19 »	20 »	21 »	22 »

Reculements n° 3, désignés comme suit :

Reculement monté à passants, les cuirs coupés en 10, 12, 18 lignes; derrière bombé, cousu du 10 au pouce, garniture à jonc, à talon, aux prix désignés ci-dessous.

Garniture, à talon, jonc verni.	Garniture, à talon, jonc cuivre.	Garniture, à talon, jonc plaqué argent.	Garniture, boucl. doubles, jonc cuivre.	Garniture, boucl. doubles, jonc plaqué argent.
19 »	21 »	22 »	23 »	24 »

Reculement, même désignation du n° 3, garniture méplate, aux prix désignés ci-dessous.

Garniture, faux piqué.	Garniture méplate, cuivre.	Garniture méplate, plaqué argent.	Garniture méplate, boucles doubles, cuivre.	Garniture méplate, boucl. doubles, plaqué argent.
20 »	22 »	23 »	24 »	25 »

Reculements n° 4, désignés comme suit :

Reculement monté à fourreaux, les cuirs coupés en 10, 12, 18 lignes; derrière bombé, cousu du 10 au pouce, garniture à jonc, à talon, aux prix désignés ci-dessous.

Garniture, à talon, jonc verni.	Garniture, à talon, jonc cuivre.	Garniture, à talon, jonc plaqué argent.	Garniture, boucl. doubles, jonc cuivre.	Garniture, boucl. doubles, jonc plaqué argent.
21 »	23 »	24 »	25 »	26 »

Reculement, même désignation du n° 4, garniture méplate, aux prix désignés ci-dessous.

Garniture, faux piqué.	Garniture méplate, cuivre.	Garniture méplate, plaqué argent.	Garniture méplate, boucles doubles, cuivre.	Garniture méplate, boucl. doubles, plaqué argent.
22 »	24 »	25 »	26 »	27 »

Reculements n° 5, désignés comme suit :

Reculement, derrière bombé, deux rangs, avec losanges cousus du 12; barre de fesses doublée bombée, cousue du 12; tous les autres cuirs simples coupés en 9, 12, 18 lignes, montés à fourreaux; garniture à jonc, à talon, aux prix désignés ci-dessous.

Garniture, à talon, jonc verni.	Garniture, à talon, jonc cuivre.	Garniture, à talon, jonc plaqué argent.	Garniture, boucl. doubles, jonc cuivre.	Garniture, boucl. doubles, jonc plaqué argent.
24 50	26 50	27 50	28 50	29 50

Reculement, même désignation du n° 5, garniture méplate, aux prix désignés ci-dessous.

Boucles faux piqué verni.	Boucles méplates, cuivre.	Boucles méplates, plaqué argent.	Boucles doubles méplates, cuivre.	Boucles doubles méplates, plaqué argent.
25 50	27 50	28 50	29 50	30 50

Reculements n° 6, désignés comme suit :

Reculement, derrière, barre et corps de croupière doublés bombés, cousus du 12; sanglon de croupière et courroie de reculement, noircis dessous, tout monté à fourreaux; garniture à jonc, à talon, aux prix désignés ci-dessous.

Garniture, à talon, jonc verni.	Garniture, à talon, jonc cuivre.	Garniture, à talon, jonc plaqué argent.	Garniture, boucl. doubles, jonc cuivre.	Garniture, boucl. doubles, jonc plaqué argent.
27 »	29 »	30 »	31 »	32 »

Reculement, même désignation du n° 6, garniture méplate, aux prix désignés ci-dessous.

Garniture, faux piqué.	Garniture méplate, cuivre.	Garniture méplate, plaqué argent.	Garniture méplate, boucles doubles, cuivre.	Garniture méplate, boucl doubles, plaqué argent.
28 »	30 »	31 »	32 »	33 »

Reculement, même désignation du n° 6, garniture à ruban, aux prix désignés ci-dessous.

Garniture, ruban, cuivre.	Garniture, ruban, plaqué argent.	Garniture, ruban, boucles doubles, cuivre.	Garniture, ruban, boucles doubles, plaqué argent.
31 50	34 50	33 50	36 50

Reculements n° 7, désignés comme suit :

Reculement, derrière bombé, deux rangs, grands losanges de chaque côté; toutes les autres pièces doublées bombées, cousues deux rangs du 13 au pouce, montées à fourreaux; garniture à jonc, à talon, aux prix désignés ci-dessous.

Garniture, à talon, jonc verni.	Garniture, à talon, jonc cuivre.	Garniture, à talon, jonc plaqué argent.	Garniture, boucl doubles, jonc cuivre.	Garniture, boucl. doubles, jonc plaqué argent.
31 »	33 »	34 »	35 »	36 »

Reculement, même désignation du n° 7, garniture méplate, aux prix désignés ci-dessous.

Garniture, faux piqué.	Garniture méplate, cuivre.	Garniture méplate, plaqué argent.	Garniture méplate, boucles doubles, cuivre.	Garniture méplate, boucl. doubles, plaqué argent.
32 »	34 »	35 »	36 »	37 »

Reculement, même désignation du n° 7, garniture à ruban, aux prix désignés ci-dessous.

Garniture, ruban, cuivre.	Garniture, ruban, plaqué argent.	Garniture, ruban, boucles doubles, cuivre.	Garniture, ruban, boucles doubles, plaqué argent
35 50	38 50	37 50	40 50

Reculement, même désignation du n° 7, garniture dos d'âne, aux prix désignés ci-dessous.

Garniture, dos d'âne, cuivre.	Garniture, dos d'âne, plaqué argent.	Garniture, dos d'âne, boucles doubles, cuivre.	Garniture, dos d'âne, boucles doubles, plaqué argent.
36 50	39 50	38 50	41 50

Reculements n° 8, désignés comme suit :

Reculement tout doublé bombé, derrière à quatre rangs, barre de fesses à grands losanges, le tout cousu du 14, monté à fourreaux bombés; garniture jonc à talon, aux prix désignés ci-dessous.

Garniture, jonc verni.	Garniture, jonc cuivre.	Garniture, jonc plaqué argent.	Garniture, boucl. doubles, jonc cuivre.	Garniture, boucl. doubles, jonc plaqué argent.
34 »	36 »	37 »	38 »	39 »

Reculement, même désignation du n° 8, garniture méplate et faux piqué, aux prix désignés ci-dessous.

Garniture, faux piqué.	Garniture méplate, cuivre.	Garniture méplate, plaqué argent.	Garniture méplate, boucles doubles, cuivre.	Garniture méplate, boucl. doubles, plaqué argent.
35 »	37 »	38 »	39 »	40 »

Reculement, même désignation du n° 8, garniture à ruban, aux prix désignés ci-dessous.

Garniture, ruban, cuivre.	Garniture, ruban, plaqué argent.	Garniture, ruban, boucles doubles, cuivre.	Garniture, ruban, boucles doubles, plaqué argent.
38 50	41 50	40 50	43 50

Reculement, même désignation du n° 8, garniture à dos d'âne ou à biseaux, aux prix désignés ci-dessous.

Garniture, dos d'âne, cuivre.	Garniture, dos d'âne, plaqué argent.	Garniture, dos d'âne, boucles doubles, cuivre.	Garniture, dos d'âne, boucles doubles, plaqué argent.
39 50	42 50	41 50	44 50

Reculements n° 9, désignés comme suit :

Reculement doublé bombé, toutes les pièces cousues à quatre rangs du 13; barre de fesses à grands dessins, montés à fourreaux bombés, finis à la main, cousus à points voyants; garniture à jonc à talon, aux prix désignés ci-dessous.

Garniture, faux piqué.	Garniture, jonc cuivre.	Garniture, jonc plaqué argent.	Garniture. boucl. doubles, jonc cuivre.	Garniture, boucl. doubles, jonc plaqué argent.
45 »	46 »	47 »	48 »	49 »

Reculement, même désignation du n° 9, garniture méplate, aux prix désignés ci-dessous.

Garniture méplate, cuivre.	Garniture méplate, plaqué argent.	Garniture méplate, boucles doubles, cuivre.	Garniture méplate, boucles doubles, plaqué argent.
47 »	48 »	49 »	50 »

Reculement, même désignation du n° 9, garniture à ruban, aux prix désignés ci-dessous.

Garniture, ruban, cuivre.	Garniture, ruban, plaqué argent.	Garniture, ruban, boucles doubles, cuivre.	Garniture, ruban, boucles doubles, plaqué argent.
48 50	51 50	50 50	53 50

Reculement, même désignation du n° 9, garniture à dos d'âne ou à biseaux, aux prix désignés ci-dessous.

Garniture, dos d'âne, cuivre.	Garniture, dos d'âne, plaqué argent.	Garniture, dos d'âne, boucles doubles, cuivre.	Garniture, dos d'âne, boucles doubles, plaqué argent.
49 50	52 50	51 50	54 50

Reculement, même désignation du n° 9, garniture toute enveloppée, au prix désigné ci-après 49 »

Reculement, même désignation du n° 9, garniture en bronze aluminium imitant l'or, au prix désignés ci-après........ 58 »

RECULEMENTS COMPLETS POUR PONEYS

Les cuirs coupés en 9, 11 et 16 lignes, faits de même que pour tous chevaux, désignés par numéros comme suit : nos 1, 2, 3, 4, 5, 6, 7 et 8, se paient en moins que pour tous chevaux........... 1 »

RECULEMENTS COMPLETS POUR PETITS PONEYS

Les cuirs coupés en 8, 11 et 15 lignes, faits de même que pour tous chevaux, désignés par numéros comme suit : nos 1, 2, 3, 4, 5, 6, 7 et 8, se paient en moins que pour tous chevaux........... 2 »

RECULEMENTS COMPLETS POUR CORSES OU TARBES

Les cuirs coupés en 8, 10 et 14 lignes, faits de même que pour tous chevaux, désignés par numéros comme suit : nos 1, 2, 3, 4, 5, 6, 7 et 8, se paient en moins que pour tous chevaux.......... 3 »

Reculements à la fermière, les nos 5, 6, 7, 8, 9, mêmes prix que ceux désignés ci-dessus.

Reculement à la fermière, les nos 1, 2, 3, 4, avec le surdos doublé bombé, en remplacement de barre cuir simple, supplément par reculement........ 3 50

OBSERVATIONS

Tous reculements, garniture à jonc verni et faux piqué, avec anneaux, soit cuivre, plaqué argent, soit à jonc, méplat, ruban, à dos d'âne, enveloppés et bronze aluminium, en remplacement des anneaux jonc ou faux piqué vernis, se paient en supplément, suivant la différence de votre choix; voir plus loin le prix des anneaux de reculements.

Reculements pour tous chevaux, avec plate-longe à la russe, prennent un supplément par reculement complet de........ 10 »

Les plates-longes pour les reculements nos 2, 3 et 4 sont droites, doublées bombées, en remplacement de barres cuir simple........ 12 »

Les plates-longes pour les reculements nos 5, 6 et 7 sont à poire, doublées bombées, remplaçant la barre de fesses doublées bombées.

Les plates-longes pour les reculements nos 8 et 9 sont à grands dessins, remplaçant la même barre.

RECULEMENTS POUR PONEYS

Reculements pour poneys, avec plates-longes à la russe, même désignation que pour tous chevaux, nos 1, 2, 3, 4, 5, 6, 7 et 8, en moins........ 1 »

RECULEMENTS POUR PETITS PONEYS

Reculements pour petits poneys, avec plates-longes à la russe, même désignation que pour tous chevaux, nos 1, 2, 3, 4, 5, 6, 7 et 8, en moins........ 2 »

RECULEMENTS POUR CORSES OU TARBES

Reculements pour corses, avec plates-longes à la russe, même désignation que pour tous chevaux, nos 1, 2, 3, 4, 5, 6, 7 et 8, en moins........ 3 »

DERRIÈRES DE RECULEMENTS POUR TOUS CHEVAUX

Sans aucune garniture, prêts à la recevoir.

Derrières de reculements bombés, sans boucleteaux ni aucune garniture, désignés comme suit :

Nos 1. Derrière de reculement bombé, coupé en 17 lignes, deux rangs et losanges du 10 au pouce, au prix désigné ci-après........ 5 »
2. Derrière de reculement bombé, coupé en 18 lignes, deux rangs et grands losanges du 10 au pouce, au prix désigné ci-après........ 5 50
3. Derrière de reculement bombé, coupé en 18 lignes, deux rangs et grands losanges du 12 au pouce, au prix désigné ci-après........ 6 »
4. Derrière de reculement bombé, cousu à quatre rangs du 14 au pouce, au prix désigné ci-après........ 8 50
5. Derrière de reculement bombé, cousu à quatre rangs du 15 au pouce, au prix désigné ci-après........ 10 »

Derrières de reculements pour poneys, sans boucleteaux ni aucune garniture, prêts à la recevoir.

6. Derrière de reculement bombé, en 16 lignes, deux rangs et losanges du 10 au pouce, au prix désigné ci-après........ 4 75
7. Derrière de reculement bombé, coupé en 16 lignes, deux rangs et grands losanges du 12 au pouce, au prix désigné ci-après........ 5 75
8. Derrière de reculement bombé, cousu à quatre rangs du 14 au pouce, au prix désigné ci-après........ 8 »
9. Derrière de reculement bombé, cousu à quatre rangs du 15 au pouce, au prix désigné ci-après........ 9 50

Derrières de reculements pour petits poneys, sans boucleteaux ni aucune garniture, prêts à la recevoir.

10. Derrière de reculement bombé, coupé en 15 lignes, deux rangs et losanges du 10 au pouce, au prix désigné ci-après........ 4 50
11. Derrière de reculement bombé, coupé en 15 lignes, deux rangs et grands losanges du 12 au pouce, au prix désigné ci-après........ 5 50
12. Derrière de reculement bombé, cousu à quatre rangs du 14 au pouce, au prix désigné ci-après........ 7 50
13. Derrière de reculement bombé, cousu à quatre rangs du 15 au pouce, au prix désigné ci-après........ 9 »

Derrières de reculements pour corses ou tarbes, sans boucleteaux ni aucune garniture, prêts à la recevoir.

14. Derrière de reculement bombé, coupé en 14 lignes, deux rangs et losanges du 10 au pouce, au prix désigné ci-après........ 4 25
15. Derrière de reculement bombé, coupé en 14 lignes, deux rangs et grands losanges du 12 au pouce, au prix désigné ci-après........ 5 25
16. Derrière de reculement bombé, cousu à quatre rangs du 14 au pouce, au prix désigné ci-après........ 7 »
17. Derrière de reculement bombé, cousu à quatre rangs du 15 au pouce, au prix désigné ci-après........ 8 50

Derrières de reculements extra-forts, pour tapissières, sans boucleteaux ni aucune garniture, prêts à la recevoir.

Derrière de reculement, pour tapissière, bombé, coupé en 20 lignes, deux rangs et losanges du 10 au pouce, au prix désigné ci-après........ 8 »

Derrière de reculement bombé, extra-fort, pour tapissière, coupé en 22 lignes, deux rangs et losanges du 10 au pouce........ 10 »

GARNITURES DES DERRIÈRES DE RECULEMENTS

Se composant des quatre petits boucleteaux avec leurs anneaux, dés de barres et boucles montées à fourreaux, prêtes à recevoir le derrière de reculement, désignées comme suit :

Nos 1. Les quatre boucleteaux à fourreaux, garniture jonc, à talon verni, au prix désigné ci-après........ 3 »
2. Les quatre boucleteaux à fourreaux, garniture jonc, à talon cuivre, au prix désigné ci-après........ 4 25
3. Les quatre boucleteaux à fourreaux, garniture jonc, à talon plaqué argent, au prix désigné ci-après........ 5 50

GARNITURES DES DERRIÈRES DE RECULEMENTS (suite).

Nos 4. Les quatre boucleteaux à fourreaux, garniture jonc, boucles doubles, cuivre, au prix désigné ci-après.......... 5 25
5. Les quatre boucleteaux à fourreaux, garniture jonc, boucles doubles, plaqué argent, au prix désigné ci-après.......... 6 50

Boucleteaux, les quatre mêmes désignations que ci-dessus, garniture méplate, aux prix désignés ci-dessous.

6. Les quatre boucleteaux, garniture faux piqué, au prix désigné ci-après.......... 3 50
7. Les quatre boucleteaux, garniture méplate, cuivre, au prix désigné ci-après.......... 5 »
8. Les quatre boucleteaux, garniture méplate, plaqué argent, au prix désigné ci-après.. 6 50
9. Les quatre boucleteaux, garniture méplate, boucles doubles, cuivre, au prix désigné ci-après.......... 5 75
10. Les quatre boucleteaux, garniture méplate, boucles doubles, plaqué argent, au prix désigné ci-après.......... 7 50

Boucleteaux, les quatre mêmes désignations que ci-dessus, garniture à ruban, aux prix désignés ci-dessous.

11. Les quatre boucleteaux, garniture à ruban, cuivre, au prix désigné ci-après.......... 5 75
12. Les quatre boucleteaux, garniture à ruban, plaqué argent, au prix désigné ci-après.. 9 »
13. Les quatre boucleteaux, garniture à ruban, boucles doubles, cuivre, au prix désigné ci-après.......... 6 50
14. Les quatre boucleteaux, garniture à ruban, boucles doubles, plaqué argent, au prix désigné ci-après.......... 9 50

Boucleteaux, les quatr emêmes désignations que ci-dessus, garniture à dos d'âne ou à biseaux, aux prix désignés ci-dessous.

15. Les quatre boucleteaux, garniture à dos d'âne, cuivre, au prix désigné ci-après...... 6 50
16. Les quatre boucleteaux, garniture à dos d'âne, plaqué argent, au prix désigné ci-après. 9 50
17. Les quatre boucleteaux, garniture à dos d'âne, boucles doubles, cuivre, au prix désigné ci-après.......... 7 »
18. Les quatre boucleteaux, garniture à dos d'âne, boucles doubles, plaqué argent, au prix désigné ci-après.......... 10 »
19. Les quatre boucleteaux, garniture toute enveloppée, au prix désigné ci-après........ 6 50
20. Les quatre boucleteaux, garniture bronze aluminium imitant l'or, à ruban, au prix désigné ci-après.......... 13 »

OBSERVATIONS

Les quatre boucleteaux, sans exception, montés à fourreaux bombés, supplément........ » 50
Les quatre boucleteaux, sans exception, montés à fourreaux bombés, finis à la main, supplément.......... 1 »
Les quatre boucleteaux, sans exception, les fourreaux cousus à points voyants, supplément. 1 25
Les quatre boucleteaux, coupés au-dessus de 9 lignes, supplément par ligne en plus large » 25
Les quatre boucleteaux, coupés au-dessous de 9 lignes, en moins par ligne.......... » 25
Les quatre boucleteaux, sans exception, montés sur le derrière de reculement, prix du montage.......... » 50

AVIS

Si vous désirez un derrière de reculement tout fini, monté de ses boucleteaux, ajoutez le prix du derrière de reculement et celui des quatre boucleteaux à celui de leur montage, et vous aurez le prix total.

COURROIES DE RECULEMENTS

Courroies de reculements n° 1, désignées comme suit :

Courroie de reculement cuir simple noirci dessous, montée à fourreaux plats, coupée en 12 lignes, boucles à jonc, aux prix désignés ci-dessous.

Courroie, boucles, jonc verni.	Courroie, boucles, jonc cuivre.	Courroie, boucles, jonc plaqué argent.	Courroie, boucl. doubles, jonc cuivre.	Courroie, boucl. doubles, jonc plaqué argent.
5 50	6 »	6 »	6 50	7 25

Courroie de reculement, même désignation du nº 1, boucles méplates et faux piqué, aux prix désignés ci-dessous.

Courroie, boucles, faux piqué.	Courroie, boucl. méplates, cuivre.	Courroie, boucl. méplates, plaqué argent.	Courroie, boucles doubles méplates, cuivre.	Courroie, boucles doubles méplates, plaqué argent.
5 75	6 »	6 »	6 75	7 25

Courroie de reculement, même désignation du nº 1, boucles à ruban, aux prix désignés ci-dessous.

Courroie, boucles, ruban, cuivre.	Courroie, boucles, ruban, plaqué argent.	Courroie, boucles doubles, ruban, cuivre.	Courroie, boucles doubles, ruban, plaqué argent.
6 25	6 50	7 »	7 75

Courroie de reculement, même désignation du nº 1, boucles à dos d'âne, aux prix désignés ci-dessous.

Courroie, boucles, dos d'âne, cuivre.	Courroie, boucles, dos d'âne, plaqué argent.	Courroie, boucles doubles, dos d'âne, cuivre.	Courroie, boucles doubles, dos d'âne, plaqué argent.
6 50	6 75	7 25	8 »

Courroies de reculements nº 2, désignées comme suit :

Courroie de reculement doublée bombée, cousue à deux rangs du 12 au pouce, montée à fourreaux plats, coupée en 12 lignes, avec boucles à jonc, aux prix désignés ci-dessous.

Courroie, boucles, jonc verni.	Courroie, boucles, jonc cuivre.	Courroie, boucles, jonc plaqué argent.	Courroie, boucl. doubles, jonc cuivre.	Courroie, boucl. doubles, jonc plaqué argent.
8 50	9 »	9 »	9 50	10 25

Courroie de reculement, même désignation du nº 2, boucles faux piqué et méplates, aux prix désignés ci-dessous.

Courroie, boucles, faux piqué.	Courroie, boucl. méplates, cuivre.	Courroie, boucl. méplates, plaqué argent.	Courroie, boucles doubles méplates, cuivre.	Courroie, boucles doubles méplates, plaqué argent.
8 75	9 »	9 »	9 75	10 25

Courroie de reculement, même désignation du nº 2, boucles à ruban, aux prix désignés ci-dessous.

Courroie, boucles enveloppées.	Courroie, boucles, ruban, cuivre.	Courroie, boucles, ruban, plaqué argent.	Courroie, boucl. doubles, ruban, cuivre.	Courroie, boucl. doubles, ruban, plaqué argent.
9 50	9 25	9 50	10 »	10 75

Courroie de reculement, même désignation du nº 2, boucles à dos d'âne, aux prix désignés ci-dessous.

Courroie, boucles, dos d'âne, cuivre.	Courroie, boucles, dos d'âne, plaqué argent.	Courroie, boucles doubles, dos d'âne, cuivre.	Courroie, boucles doubles, dos d'âne, plaqué argent.
9 50	9 75	10 25	11 »

Courroies de reculements nº 3, désignées comme suit :

Courroie de reculement doublée bombée, cousue à deux rangs du 13 au pouce, montée à fourreaux plats, coupée en 12 lignes, avec boucles à jonc, aux prix désignés ci-dessous.

Courroie, boucles, jonc verni.	Courroie, boucles, jonc cuivre.	Courroie, boucles, jonc plaqué argent.	Courroie, boucl. doubles, jonc cuivre.	Courroie, boucl. doubles, jonc plaqué argent.
9 »	9 50	9 50	10 »	10 75

Courroie de reculement, même désignation du nº 3, boucles méplates, aux prix désignés ci-dessous.

Courroie, boucles, faux piqué.	Courroie, boucl. méplates, cuivre.	Courroie, boucl. méplates, plaqué argent.	Courroie, boucles doubles méplates, cuivre.	Courroie, boucles doubles méplates, plaqué argent.
9 25	9 50	9 50	10 25	10 75

Courroie de reculement, même désignation du nº 3, boucles à ruban, aux prix désignés ci-dessous.

Courroie, boucles enveloppées.	Courroie, boucles, ruban, cuivre.	Courroie, boucles, ruban, plaqué argent.	Courroie, boucl. doubles, ruban, cuivre.	Courroie, boucl. doubles, ruban, plaqué argent.
9 50	9 75	10 »	10 50	11 25

Courroie de reculement, même désignation du n° 3, boucles à dos d'âne, aux prix désignés ci-dessous.

Courroie, boucles, dos d'âne, cuivre.	Courroie, boucles, dos d'âne, plaqué argent.	Courroie, boucles doubles, dos d'âne, cuivre.	Courroie, boucles doubles, dos d'âne, plaqué argent.
10 »	10 25	10 75	11 50

Courroies de reculements n° 4, désignées comme suit :

Courroies de reculement doublée bombée, cousue à deux rangs du 14 au pouce, montée à fourreaux bombés, coupées en 12 lignes, boucles à jonc, aux prix désignés ci-dessous.

Courroie, boucles, jonc verni.	Courroie, boucles, jonc cuivre.	Courroie, boucles, jonc plaqué argent.	Courroie, boucl. doubles, jonc cuivre.	Courroie, boucl. doubles, jonc plaqué argent.
9 50	10 »	10 »	10 50	11 25

Courroie de reculement, même désignation du n° 4, boucles méplates, aux prix désignés ci-dessous.

Courroie, boucles, faux piqué.	Courroie, boucl. méplates, cuivre.	Courroie, boucl. méplates, plaqué argent.	Courroie, boucles doubles méplates, cuivre.	Courroie, boucles doubles méplates, plaqué argent.
9 75	10 »	10 »	10 75	11 25

Courroie de reculement, même désignation du n° 4, boucles à ruban, aux prix désignés ci-dessous.

Courroie, boucles enveloppées.	Courroie, boucles, ruban, cuivre.	Courroie, boucles, ruban, plaqué argent.	Courroie, boucl. doubles, ruban, cuivre.	Courroie, boucl. doubles, ruban, plaqué argent.
10 »	10 25	10 50	11 »	11 75

Courroie de reculement, même désignation du n° 4, boucles à dos d'âne, aux prix désignés ci-dessous.

Courroie, boucles, dos d'âne, cuivre.	Courroie, boucles, dos d'âne, plaqué argent.	Courroie, boucles doubles, dos d'âne, cuivre.	Courroie, boucles doubles, dos d'âne, plaqué argent.
10 50	10 75	11 25	12 »

Courroies de reculements n° 5, désignées comme suit :

Courroie de reculement doublée bombée, cousue à quatre rangs du 15 au pouce, montée à fourreaux bombés, finis à la main et cousus à points voyants, avec boucles à jonc, aux prix désignés ci-dessous.

Courroie, boucles, jonc verni.	Courroie, boucles, jonc cuivre.	Courroie, boucles, jonc plaqué argent.	Courroie, boucl doubles, jonc cuivre.	Courroie, boucl. doubles, jonc plaqué argent.
11 »	11 50	11 50	12 »	12 75

Courroie de reculement, même désignation du n° 5, boucles méplates, aux prix désignés ci-dessous.

Courroie, boucles, faux piqué.	Courroie, boucl. méplates, cuivre.	Courroie, boucl. méplates, plaqué argent.	Courroie, boucles doubles méplates, cuivre.	Courroie, boucles doubles méplates, plaqué argent.
11 25	11 50	11 50	12 25	12 75

Courroie de reculement, même désignation du n° 5, boucles à ruban, aux prix désignés ci-dessous.

Courroie, boucles enveloppées.	Courroie, boucles, ruban, cuivre.	Courroie, boucles, ruban, plaqué argent.	Courroie, boucl. doubles, ruban, cuivre.	Courroie, boucl. doubles, ruban, plaqué argent.
11 50	11 75	11 75	12 50	13 25

Courroie de reculement, même désignation du n° 5, boucles à dos d'âne, aux prix désignés ci-dessous.

Courroie, boucles, dos d'âne, cuivre.	Courroie, boucles, dos d'âne, plaqué argent.	Courroie, boucles doubles, dos d'âne, cuivre.	Courroie, boucles doubles, dos d'âne, plaqué argent.
12 »	12 25	12 75	13 50

COURROIES DE RECULEMENTS POUR PONEYS

Coupées en 11 lignes, faites de même que pour tous chevaux, voir les n°s 1, 2, 3 et 4; en moins que pour tous chevaux.. la paire. » 30

COURROIES DE RECULEMENTS POUR PETITS PONEYS

Coupées en 11 lignes, faites de même que pour tous chevaux, voir les nos 1, 2, 3 et 4; en moins que pour tous chevaux........ la paire. » 60

COURROIES DE RECULEMENTS POUR CORSES OU TARBES

Coupées en 10 lignes, faites de même que pour tous chevaux, voir les nos 1, 2, 3 et 4; en moins que pour tous chevaux........ la paire. » 90

OBSERVATION

Pour les Courroies de reculements, pour poneys, petits poneys, corses ou tarbes, pour les longueurs et largeurs, voir le tableau, pages 3, 4 et 5.

CORPS DE CROUPIÈRES POUR TOUS CHEVAUX

Montés à fourreaux, avec son sanglon, coupés à fourche 9 lignes, sanglon 12 lignes; le culeron seul n'est pas compris.

Les boucles jonc verni, à talon et faux piqué, sont comprises; toutes autres boucles se paient en supplément de la boucle à jonc, suivant la différence du prix qui est de peu d'importance.

Corps de croupières, montés à fourreaux, avec ses sanglons, sans le culeron, aux prix désignés ci-dessous.

Nos 1. Corps de croupière et sanglon cuir simple, montés à fourreaux, boucles à jonc verni ou faux piqué, au prix désigné ci-après........ 4 50

2. Corps de croupière et sanglon doublés bombés, cuir simple noirci dessous, montés à fourreaux plats, boucles à jonc verni ou faux piqué, au prix désigné ci-après...... 5 75

3. Corps et sanglon de croupière doublés bombés, cousus du 13 au pouce, montés à fourreaux plats, boucles à jonc verni ou faux piqué, au prix désigné ci-après........ 7 »

4. Corps et sanglon de croupière doublés bombés, cousus du 14 au pouce, montés à fourreaux bombés, boucles à jonc verni ou faux piqué, au prix désigné ci-après..... 7 50

5. Corps et sanglon de croupière doublés bombés, cousus du 15 au pouce, montés à fourreaux bombés, finis à la main, cousus à points voyants, au prix désigné ci-après 9 50

Corps de croupières pour poneys, fourches en 8 lignes, sanglons en 11 lignes, faites de même que pour tous chevaux, voir les nos 1, 2, 3 et 4; en moins que pour tous chevaux........ » 25

Corps de croupières pour petits poneys, fourches en 8 lignes, sanglons en 11 lignes, faites de même que pour tous chevaux, voir les nos 1, 2, 3 et 4; en moins que pour tous chevaux........ » 50

Corps de croupières pour corses ou tarbes, fourches en 8 lignes, sanglons en 10 lignes, faites de même que pour tous chevaux, voir les nos 1, 2, 3 et 4; en moins que pour tous chevaux........ » 75

OBSERVATION

Pour les longueurs des croupières pour poneys, petits poneys, corses ou tarbes, voir les pages 3, 4 et 5.

CULERONS

Culerons non montés, désignés comme suit :

Nos				
1.	Culerons ordinaires, cuir noirci........	la douz.	5	»
2.	Culerons moyenne force, cuir noirci........	—	6	50
3.	Culerons forts, cuir gras........	—	7	50
4.	Culerons demi-fins, remplis de graine de lin........	—	9	»
5.	Culerons fins, remplis de graine de lin........	—	12	»

CULERONS NON MONTÉS (suite).

Nos 6.	Culerons surfins, remplis de graine de lin	la douz.	15 »
7.	Culerons extra-fins, remplis de graine de lin	—	20 »
8.	Culerons extra-forts et fins	—	24 »
9.	Culerons recommandés, extra-forts et fins	—	30 »
	Culeron extra-riche, dit culeron double	la pièce.	6 »

MONTAGE DES CULERONS

Montage des culerons, avec boucles à jonc verni, à talon, montés à passants, n° 1, 2 et 3, prennent un supplément par douzaine de .... 6 »

Montage des culerons fins, les nos 4, 5, 6, 7, 8 et 9, boucles à jonc verni, à talon et à fourreaux plats, prennent un supplément par douzaine de .... 9 »

Tous culerons, montés à fourreaux bombés, supplément par douzaine .... 10 »

Tous culerons, montés à fourreaux bombés, finis à la main, supplément par douzaine.... 11 50

Tous culerons, montés avec toutes autres boucles qu'à jonc verni, se paient en supplément suivant leur valeur, voir plus loin les prix.

BARRES DE FESSES

Barres de fesses de reculements pour tous chevaux, à fourche en 9 lignes, désignées comme suit :

Nos 1. Barre de fesses cuir simple, à fourche en 9 lignes, noircie dessous, au prix désigné ci-après 3 50

2. Barre de fesses demi-fine, doublée bombée du 12 au pouce, deux rangs, au prix désigné ci-après 6 50

3. Barre de fesses fine, doublée bombée du 13 au pouce, deux rangs, au prix désigné ci-après 7 50

4. Barre de fesses surfine, à dessins, grands losanges du 14 au pouce, au prix désigné ci-après 8 50

5. Barre de fesses extra-fine, à grands dessins, quatre rangs du 15 au pouce, au prix désigné ci-après 9 50

Barres de fesses pour poneys, à fourches en 9 lignes, faites de même que pour tous chevaux, voir les nos 1, 2, 3 et 4; en moins que pour tous chevaux .... » 25

Barres de fesses pour petits poneys, à fourches en 8 lignes, faites de même que pour tous chevaux, voir les nos 1, 2, 3 et 4; en moins que pour tous chevaux .... » 50

Barres de fesses pour corses ou tarbes, à fourches en 8 lignes, faites de même que pour tous chevaux, voir les nos 1, 2, 3 et 4; en moins que pour tous chevaux .... » 75

OBSERVATIONS

Barres en forme de surdos, pour reculements à la fermière, mêmes prix que les barres à fourches.

Toutes barres à fourches, coupées au-dessus de 9 lignes, supplément par ligne .... » 50

Barres de fesses de poneys, petits poneys, corses ou tarbes; pour les longueurs et largeurs, voir le tableau, pages 3, 4 et 5.

PLATES-LONGES

Plates-longes pour reculements à la russe, pour tous chevaux, désignées comme suit.

N°s 1. Plate-longe droite, doublée bombée du 12 au pouce, coupée en 15 lignes, au prix désigné ci-après........ 9 »
2. Plate-longe à poire, demi-fine, doublée bombée du 12 au pouce, coupée en 20 lignes, réduite en 15 lignes, au prix désigné ci-après........ 11 »
3. Plate-longe à poire, fine, doublée bombée du 13 au pouce, coupée en 20 lignes, réduite en 14 ou 15 lignes, au prix désigné ci-après........ 12 »
4. Plate-longe surfine, à dessins, grands losanges du 14 au pouce, coupée en 24 lignes, réduite en 15 lignes, au prix désigné ci-après........ 15 »
5. Plate-longe extra-fine, à grands dessins, quatre rangs du 15 au pouce, coupée en 26 lignes, réduite en 14 ou 15 lignes, au prix désigné ci-après........ 18 »

Plates-longes pour poneys, faites de même que pour tous chevaux, voir les n°s 1, 2, 3 et 4; en moins que pour tous chevaux........ » 50

Plates-longes pour petits poneys, faites de même que pour tous chevaux, voir les n°s 1, 2, 3 et 4; en moins que pour tous chevaux........ 1 »

Plates-longes pour corses ou tarbes, faites de même que pour tous chevaux, voir les n°s 1, 2, 3 et 4; en moins que pour tous chevaux........ 1 50

OBSERVATION

Pour les longueurs et largeurs des plates-longes, pour tous chevaux, poneys, petits poneys, corses ou tarbes, voir le tableau, aux pages 3, 4 et 5.

BOUCLETEAUX DE PLATE-LONGES

Boucleteaux de plates-longes n° 1, désignés comme suit :

Boucleteaux de plates-longes, doublés bombés, cousus du 12 au pouce, montés à fourreaux, boucles à jonc, aux prix désignés ci-dessous.

Boucleteaux, boucles, jonc verni.	Boucleteaux, boucles, jonc cuivre.	Boucleteaux, boucles, jonc plaqué argent.	Boucleteaux, boucl. doub., jonc cuivre.	Boucleteaux, boucl. doub., jonc plaqué argent.
3 50	4 25	4 50	5 »	5 50

Boucleteaux de plates-longes, même désignation du n° 1, avec boucles méplates, aux prix désignés ci-dessous.

Boucleteaux, boucles, faux piqué.	Boucleteaux, boucles méplates, cuivre.	Boucleteaux, boucles méplates, plaqué argent.	Boucleteaux, boucl. doub., méplates, cuivre.	Boucleteaux, boucl. doub., méplates, plaqué argent.
3 75	4 50	4 75	5 25	5 75

Boucleteaux de plates-longes, même désignation du n° 1, boucles à ruban, aux prix désignés ci-dessous.

Boucleteaux, boucles, ruban, cuivre.	Boucleteaux, boucles, ruban, plaqué argent.	Boucleteaux, boucles doubles, ruban, cuivre.	Boucleteaux, boucles doubles, ruban, plaqué argent.
4 75	6 »	5 50	6 50

Boucleteaux de plates-longes, même désignation du n° 1, boucles à dos d'âne, aux prix désignés ci-dessous.

Boucleteaux, boucles, dos d'âne, cuivre.	Boucleteaux, boucles, dos d'âne, plaqué argent.	Boucleteaux, boucles doubles, dos d'âne, cuivre.	Boucleteaux, boucles doubles, dos d'âne, plaqué argent.
5 »	6 50	6 25	7 50

Boucleteaux de plates-longes, même désignation du n° 1, boucles enveloppées, au prix désigné ci-après .... 5 »

Boucleteaux de plates-longes, même désignation du n° 1, boucles en bronze aluminium au prix désigné ci-après .... 8 »

Boucleteaux de plate-longes n° 2, désignés comme suit :

Boucleteaux de plates-longes, doublés bombés, cousus du 13 au pouce, montés à fourreaux plats, avec boucles, soit jonc, faux piqué, méplates, ruban, dos d'âne; soit verni, cuivre, plaqué argent, aluminium ou toutes enveloppées; le n° 2 prend un supplément sur le n° 1, par paire, de.... » 50

Boucleteaux de plates-longes n° 3, désignés comme suit :

Boucleteaux de plates-longes, doublés bombés, cousus du 14 au pouce, montés à fourreaux bombés, avec boucles, soit jonc, faux piqué, méplates, ruban, dos d'âne; soit verni, cuivre, plaqué argent, maillechort, aluminium ou toutes enveloppées; le n° 3 prend un supplément sur le n° 1, par paire, de .... » 75

Boucleteaux de plates-longes n° 4, désignés comme suit :

Boucleteaux de plates-longes, doublés bombés à quatre rangs, cousus du 15 au pouce, montés à fourreaux bombés, finis à la main, cousus à points voyants, avec boucles, soit jonc, faux piqué, méplates, ruban, dos d'âne; soit verni, cuivre, plaqué argent, maillechort, aluminium ou toutes enveloppées; le n° 4 prend un supplément sur le n° 1, par paire, de 1 50

OBSERVATION

Pour les boucleteaux de plates-longes pour poneys, petits poneys, corses ou tarbes, pas de différence de prix sur les boucleteaux pour tous chevaux.

GUIDES CABRIOLETS EN TOUS GENRES

Guides cabriolets n° 1, désignées comme suit :

Guides plates, coupées en 10 lignes, quatre longueurs de chacune deux mètres, cuir moitié noir et jaune brunis, soit entées ou avec quatre boucles à jonc, aux prix désignés ci-dessous.

Guides plates, boucles, jonc verni.	Guides plates, boucles, jonc cuivre.	Guides plates, boucles, jonc plaqué argent.	Guides plates, boucles doubles, jonc cuivre.	Guides plates, boucles doubles, jonc plaqué argent.
7 50	7 90	8 25	8 50	9 »

Guides cabriolets n° 2, désignées comme suit :

Guides plates extra-fortes, même désignation du n° 1, supplément .... 1 »

Guides cabriolets n° 3, désignées comme suit :

Guides rondes, jaunes ou noires, mains simples, cuir jaune bruni, avec boucles à jonc, aux prix désignés ci-dessous.

Guides rondes, mains simples, boucles, jonc verni.	Guides rondes, mains simples, boucles, jonc cuivre.	Guides rondes, mains simples, boucles, jonc plaqué argent.	Guides rondes, mains plates, boucles doubles, jonc cuivre.	Guides rondes, mains plates, boucles doubles, jonc plaqué argent.
11 »	11 40	11 75	12 »	12 50

Guides cabriolets n° 4, désignées comme suit :

Guides rondes, mains plates, bout de la main doublé, supplément sur le n° 3 .... 1 »

Guides cabriolets n° 5, désignés comme suit :

Guides doublées bombées, cuir noir ou jaune, mains cuir simple, les bouts doublés, avec boucles à jonc, aux prix désignés ci-dessous.

Guides, moitié doublée, boucles, jonc verni.	Guides, moitié doublée, boucles, jonc cuivre.	Guides, moitié doublée, boucles, jonc plaqué argent.	Guides, moitié doublée, boucles doubles, jonc cuivre.	Guides, moitié doublée, boucles doubles, jonc plaqué argent.
18 »	18 40	18 75	19 »	19 50

Guides cabriolets n° 6, désignées comme suit :

Guides toutes doublées bombées, noires ou toutes jaunes, brunies, au choix, avec boucles à jonc, aux prix désignés ci-dessous.

Guides toutes doublées, boucles, jonc verni.	Guides toutes doublées, boucles, jonc cuivre.	Guides toutes doublées, boucles, jonc plaqué argent.	Guides toutes doublées, boucles doubles, jonc cuivre.	Guides toutes doublées, boucles doubles, jonc plaqué argent.
25 »	25 40	25 75	26 »	26 50

OBSERVATIONS

Toutes les guides désignées ci-dessus, boucles à jonc, avec boucles méplates, à ruban, dos d'Ane, enveloppées ou aluminium, se paient avec le supplément de chaque sorte.

Toutes guides coupées en plus de 10 lignes prennent un supplément, par ligne, de...... » 50

MAINS DE GUIDES

En deux longueurs, coupées en 10 lignes, aux prix désignés ci-dessous.

Nos 1. Mains de guides plates, cuir jaune.......... 3 50
2. Mains de guides plates, extra-fortes, cuir bruni.......... 4 »
3. Mains de guides fortes, bouts doublés bombés.......... 5 »
4. Mains de guides doublées bombées.......... 11 50
5. **Ronds de guides** prêts à monter, soit cuir jaune ou noir.......... la paire. 6 50
6. **Ronds de guides** avec porte-mors, prêts à recevoir les boucles....... — 7 »
7. **Guides** doublées bombées, 10 lignes, les deux longueurs prêtes à recevoir les boucles et les porte-mors.......... 11 50
8. **Guides** doublées bombées, 10 lignes, les deux longueurs avec porte-mors, prêtes à recevoir les boucles.......... 12 50

GUIDES EN CORDES ET FILS DE FOUETS POUR CABRIOLETS

Nos 1. Guides septin, écrues.......... la paire. 4 »
2. Guides grelin, grise.......... — 6 »
». Guides grelin, blanches.......... — 7 »
3. Guides tresse carrée grise.......... — 9 »
». Guides tresse carrée blanche.......... — 10 »
4. Guides tresse ronde grise.......... — 9 »
». Guides tresse ronde blanche.......... — 10 »
5. Guides tresse plate grise.......... — 9 »
». Guides tresse plate blanche.......... — 10 »

MARTINGALES EN TOUS GENRES

Martingales n° 1, désignées comme suit :

Martingale battant verni, deux rangs, allant au coulant du collier; garniture à jonc, aux prix désignés ci-dessous.

Martingale, garniture jonc verni.	Martingale, garniture jonc cuivre.	Martingale, garniture jonc plaqué argent.	Martingale, boucl. doubl., jonc cuivre.	Martingale, boucl. doubl., jonc plaqué argent.
3 »	3 25	3 50	3 75	4 »

Martingales n° 2, désignées comme suit :

Martingale, battant verni trois rangs, sanglon doublé bombé, deux rangs du 12 au pouce, avec la même garniture que les martingales n° 1 ; supplément par martingale.................. 1 »

Martingales n° 3, désignées comme suit :

Martingale, la même du n° 2; le sanglon doublé bombé, corps de martingale avec losanges; le tout cousu du 14 au pouce, même garniture que la martingale n° 1; supplément par martingale sur le n° 1.. 1 50

Martingales n° 4, désignées comme suit :

Martingale, battant à trois rangs, sanglon à quatre coutures, corps avec grands losanges, cousu du 15 au pouce, même garniture que le n° 1 ; supplément par martingale.................... 2 »

Martingales n° 5, désignées comme suit :

Martingale, deux branches cuir simple, correspondant au mors de la bride; battant verni deux rangs, avec garniture à jonc, aux prix désignés ci-dessous.

Martingale, boucles, jonc verni.	Martingale, boucles, jonc cuivre.	Martingale, boucles, jonc plaqué argent.	Martingale, boucl. doubl., jonc cuivre.	Martingale, boucl. doubl., jonc plaqué argent.
4 »	4 25	4 50	4 75	5 »

Martingales n° 6, désignées comme suit :

Martingale, deux branches doublées bombées, correspondant au mors de la bride; battant à trois rangs, corps de martingale, avec losanges; le tout cousu du 14 au pouce, garniture à jonc, aux prix désignés ci-dessous.

Martingale, boucles, jonc verni.	Martingale, boucles, jonc cuivre.	Martingale, boucles, jonc plaqué argent.	Martingale, boucl. doubl., jonc cuivre.	Martingale, boucl. doubl., jonc plaqué argent.
8 »	8 25	8 50	8 75	9 »

Martingales n° 7, désignées comme suit :

Martingale, deux branches doublées bombées, correspondant au mors; battant à trois rangs, corps de martingale à grands losanges; le tout cousu du 15 au pouce, garniture à jonc, aux prix désignés ci-dessous.

Martingale, boucles, jonc verni.	Martingale, boucles, jonc cuivre.	Martingale, boucles, jonc plaqué argent.	Martingale, boucl. doubl., jonc cuivre.	Martingale, boucl. doubl., jonc plaqué argent.
9 »	9 25	9 50	9 75	10 »

Martingales n° 8, désignées comme suit :

Martingale, une branche doublée bombée, correspondant à la muserolle de la bride; battant à trois rangs, corps de martingale à losanges; le tout cousu du 14 au pouce, garniture à jonc, aux prix désignés ci-dessous.

Martingale, boucles, jonc verni.	Martingale, boucles, jonc cuivre.	Martingale, boucles, jonc plaqué argent.	Martingale, boucl. doubl., jonc cuivre.	Martingale, boucl. doubl., jonc plaqué argent.
6 »	6 25	6 50	6 75	7 »

Martingales n° 9, désignées comme suit :

Martingale, une branche doublée bombée, correspondant à la muserolle de la bride; battant à trois rangs, corps de martingale à grands losanges; le tout cousu du 15 au pouce, garniture à jonc, aux prix désignés ci-dessous.

Martingale, boucles, jonc verni.	Martingale, boucles, jonc cuivre.	Martingale, boucles, jonc plaqué argent.	Martingale, boucl. doubl., jonc cuivre.	Martingale, boucl. doubl., jonc plaqué argent.
6 50	6 75	7 »	7 25	7 50

Martingales n° 10, désignées comme suit :

Martingale, deux branches rondes, correspondant au mors de la bride; battant à trois rangs, corps de martingale à losanges; le tout cousu du 14 au pouce, garniture à jonc, aux prix désignés ci-dessous.

Martingale, boucles, jonc verni.	Martingale, boucles, jonc cuivre.	Martingale, boucles, jonc plaqué argent.	Martingale, boucl. doubl., jonc cuivre.	Martingale, boucl. doubl., jonc plaqué argent.
6 50	6 75	7 »	7 25	7 50

Martingales n° 11, désignées comme suit :

Martingale, une branche ronde, correspondant à la muserolle de la bride; battant à trois rangs, corps de martingale à losanges; le tout cousu du 14 au pouce, garniture à jonc, aux prix désignés ci-dessous.

Martingale, boucles, jonc verni.	Martingale, boucles, jonc cuivre.	Martingale, boucles, jonc plaqué argent.	Martingale, boucl. doubl., jonc cuivre.	Martingale, boucl. doubl., jonc plaqué argent.
5 50	5 75	6 »	6 25	6 50

OBSERVATION

Pour toutes les martingales en général, désignées ci-dessus, les autres boucles, telles que méplates, ruban, dos d'âne, se paient en supplément des boucles à jonc, selon leur valeur.

Battants de martingales, prêts à recevoir la garniture, désignés comme suit :

Nos 1.	Battant de martingale, deux rangs du 14 au pouce	la pièce.	1 »
2.	Battant de martingale, trois rangs du 15 au pouce	—	1 25
3.	Battant de martingale, trois rangs du 16 au pouce	—	1 50

BRICOLES POUR HARNAIS DE CABRIOLETS

REMPLAÇANT LE COLLIER ET LES ATTELLES

Bricoles n° 1, désignées comme suit :

Bricole complète avec dessus de cou, prête à recevoir les traits en cuir; blanchets cousus du 10 au pouce, avec garniture à jonc, à talon, aux prix désignés ci-dessous.

Bricole, garniture, jonc verni.	Bricole, garniture, jonc cuivre.	Bricole, garniture, jonc plaqué argent.	Bricole, garniture, boucles doubles, jonc cuivre.	Bricole, garniture, boucles doubles, jonc plaqué argent.
22 »	25 »	26 »	27 »	30 »

Bricole, même désignation du n° 1, avec garniture méplate et faux piqué, aux prix désignés ci-dessous.

Bricole, garniture, faux piqué.	Bricole, garniture méplate, cuivre.	Bricole, garniture méplate, plaqué argent.	Bricole, garniture méplate, boucles doubles, cuivre.	Bricole, garniture méplate, boucles doubles, plaqué argent.
24 »	27 »	28 »	28 »	31 »

Bricoles n° 2, désignées comme suit :

Bricole complète avec dessus de cou, prête à recevoir les traits en cuir; blanchets cousus du 12 au pouce, avec garniture à jonc, aux prix désignés ci-dessous.

Bricole, garniture, à talon, jonc verni.	Bricole, garniture, jonc cuivre.	Bricole, garniture, jonc plaqué argent.	Bricole, garniture, boucles doubles, jonc cuivre.	Bricole, garniture, boucles doubles, jonc plaqué argent.
24 »	27 »	28 »	29 »	32 »

Bricole, même désignation du n° 2, avec garniture méplate et faux piqué, aux prix désignés ci-dessous.

Bricole, garniture, faux piqué.	Bricole, garniture méplate, cuivre.	Bricole, garniture méplate, plaqué argent.	Bricole, garniture méplate, boucles doubles, cuivre.	Bricole, garniture méplate, boucles doubles, plaqué argent.
26 »	29 »	30 »	31 »	34 »

Bricole, même désignation du n° 2, avec garniture à ruban, aux prix désignés ci-dessous.

Bricole, garniture à ruban, cuivre.	Bricole, garniture à ruban, plaqué argent.	Bricole, garniture à ruban, boucles doubles, cuivre.	Bricole, garniture à ruban, boucles doubles, plaqué argent.
28 »	29 »	32 »	36 »

Bricole, même désignation du n° 2, avec garniture à dos d'âne, aux prix désignés ci-dessous.

Bricole, garniture à dos d'âne, cuivre.	Bricole, garniture à dos d'âne, plaqué argent.	Bricole, garniture à dos d'âne, boucles doubles, cuivre.	Bricole, garniture à dos d'âne, boucles doubles, plaqué argent.
29 »	30 »	34 »	38 »

Bricoles n° 3, désignées comme suit :

Bricole complète avec dessus de cou, prête à recevoir les traits en cuir; blanchets bombés et montés à fourreaux bombés; le tout cousu du 13 au pouce, avec garniture à jonc, aux prix désignés ci-dessous.

Bricole, garniture, jonc verni.	Bricole, garniture, jonc cuivre.	Bricole, garniture, jonc plaqué argent.	Bricole, garniture, boucles doubles, jonc cuivre.	Bricole, garniture, boucles doubles, jonc plaqué argent.
27 »	30 »	31 »	32 »	35 »

Bricole, même désignation du n° 3, avec garniture méplate et faux piqué, aux prix désignés ci-dessous.

Bricole, garniture, faux piqué.	Bricole, garniture méplate, cuivre.	Bricole, garniture méplate, plaqué argent.	Bricole, garniture méplate, boucles doubles, cuivre.	Bricole, garniture méplate, boucles doubles, plaqué argent,
29 »	32 »	33 »	34 »	39 »

Bricole, même désignation du n° 3, avec garniture à ruban, aux prix désignés ci-dessous.

Bricole, garniture à ruban, cuivre.	Bricole, garniture à ruban, plaqué argent.	Bricole, garniture à ruban, boucles doubles, cuivre.	Bricole, garniture à ruban, boucles doubles, plaqué argent.
31 »	32 »	35 »	39 »

Bricole, même désignation du n° 3, avec garniture à dos d'âne, aux prix désignés ci-dessous.

Bricole, garniture à dos d'âne, cuivre.	Bricole, garniture à dos d'âne, plaqué argent.	Bricole, garniture à dos d'âne, boucles doubles, cuivre.	Bricole, garniture à dos d'âne, boucles doubles, plaqué argent.
32 »	33 »	37 »	41 »

Bricoles n° 4, désignées comme suit :

Bricole complète avec dessus de cou, prête à recevoir les traits en cuir; blanchets bombés et montés à fourreaux bombés, finis à la main; le tout cousu du 14 au pouce, avec garniture à jonc, aux prix désignés ci-dessous.

Bricole, garniture, à talon, jonc verni.	Bricole, garniture, jonc cuivre.	Bricole, garniture, jonc plaqué argent.	Bricole, garniture, boucles doubles, jonc cuivre.	Bricole, garniture, boucles doubles, jonc plaqué argent.
30 »	33 »	34 »	35 »	38 »

Bricole, même désignation du n° 4, garniture méplate et faux piqué, aux prix désignés ci-dessous.

Bricole, garniture, faux piqué.	Bricole, garniture méplate, cuivre.	Bricole, garniture méplate, plaqué argent.	Bricole, garniture méplate, boucles doubles, cuivre.	Bricole, garniture méplate, boucles doubles, plaqué argent.
32 »	35 »	36 »	37 »	42 »

Bricole, même désignation du n° 4, garniture à ruban et enveloppée, aux prix désignés ci-dessous.

Bricole, garniture enveloppée.	Bricole, garniture à ruban, cuivre.	Bricole, garniture à ruban, plaqué argent.	Bricole, garniture à ruban, boucles doubles, cuivre.	Bricole, garniture à ruban, boucles doubles, plaqué argent.
34 »	34 »	35 »	38 »	42 »

Bricole, même désignation du n° 4, garniture à dos d'âne, aux prix désignés ci-dessous.

Bricole, garniture à dos d'âne, cuivre.	Bricole, garniture à dos d'âne, plaqué argent.	Bricole, garniture à dos d'âne, boucles doubles, cuivre.	Bricole, garniture à dos d'âne, boucles doubles, plaqué argent.
35 »	36 »	40 »	44 »

TARIF GÉNÉRAL DES PIÈCES DE HARNAIS

ATTELAGE A DEUX

Brides complètes, même désignation que pour cabriolet; voir page 42.
Les pièces détachées des brides, même désignation que pour cabriolet; voir plus loin.
Colliers en tous genres; voir plus loin.

GRANDS BOUCLETEAUX DE CARROSSE

Avec boucles à crampons, prêts à river aux attelles, avec petits boucleteaux et sanglons.

Grands Boucleteaux de carrosse n° 1, désignés comme suit :

Grands Boucleteaux de carrosse, les quatre, coupés en 18 lignes; les petits boucleteaux et sanglons en 12 lignes, cuir simple; le tout cousu du 10 au pouce, montés à fourreaux plats, avec garniture à jonc, aux prix désignés ci-dessous.

Garniture, jonc verni.	Garniture, jonc cuivre.	Garniture, jonc plaqué argent.	Garniture, boucl. doubles, jonc cuivre.	Garniture, boucl. doubles, jonc plaqué argent.
24 »	28 »	29 »	32 »	40 »

Grands Boucleteaux, même désignation du n° 1, avec garniture méplate et faux piqué, aux prix désignés ci-dessous.

Garniture, faux piqué verni.	Garniture méplate, cuivre.	Garniture méplate, plaqué argent	Garniture méplate, boucles doubles, cuivre.	Garniture méplate, boucl. doubles, plaqué argent.
27 »	30 »	33 »	33 »	42 »

Grands Boucleteaux de carrosse n° 2, désignés comme suit :

Grands Boucleteaux de carrosse, les quatre, coupés en 18 lignes; les petits boucleteaux et sanglons en 12 lignes, doublés bombés; le tout cousu à deux rangs du 12 au pouce, montés à fourreaux plats, avec garniture à jonc, aux prix désignés ci-dessous.

Garniture, jonc verni.	Garniture, jonc cuivre.	Garniture, jonc plaqué argent.	Garniture, boucl. doubles, jonc cuivre.	Garniture, boucl. doubles, jonc plaqué argent.
32 »	36 »	38 »	40 »	48 »

Grands Boucleteaux, même désignation du n° 2, avec garniture méplate et faux piqué, aux prix désignés ci-dessous.

Garniture, faux piqué.	Garniture méplate, cuivre.	Garniture méplate, plaqué argent.	Garniture méplate, boucles doubles, cuivre.	Garniture méplate, boucl. doubles, plaqué argent.
35 »	38 »	41 »	41 »	50 »

Grands Boucleteaux, même désignation du n° 2, avec garniture à ruban, aux prix désignés ci-dessous.

Garniture à ruban, cuivre.	Garniture à ruban, plaqué argent.	Garniture à ruban, boucles doubles, cuivre.	Garniture à ruban, boucles doubles, plaqué argent
42 »	47 »	44 »	54 »

Grands Boucleteaux, même désignation du n° 2, avec garniture à dos d'âne, aux prix désignés ci-dessous.

Garniture à dos d'âne, cuivre.	Garniture à dos d'âne, plaqué argent.	Garniture à dos d'âne, boucles doubles, cuivre.	Garniture à dos d'âne, boucles doubles, plaqué argent
44 »	49 »	47 »	57 »

Grands Boucleteaux de carrosse n° 3, désignés comme suit :

Grands Boucleteaux de carrosse, les quatre, coupés en 18 lignes, grands feutres; les petits boucleteaux et sanglons en 12 lignes, doublés bombés, deux rangs, losanges; le tout cousu du 14 au pouce, montés à fourreaux bombés, avec garniture à jonc, aux prix désignés ci-dessous.

Garniture, jonc verni.	Garniture, jonc cuivre.	Garniture, jonc plaqué argent.	Garniture, boucl. doubles, jonc cuivre.	Garniture, boucl. doubles, jonc plaqué argent.
42 »	46 »	48 »	50 »	58 »

Grands Boucleteaux, même désignation du n° 3, garniture méplate et faux piqué, aux prix désignés ci-dessous.

Garniture, faux piqué.	Garniture méplate, cuivre,	Garniture méplate, plaqué argent.	Garniture méplate, boucles doubles, cuivre	Garniture méplate, boucl. doubles, plaqué argent.
45 »	48 »	51 »	51 »	60 »

Grands Boucleteaux, même désignation du n° 3, garniture à ruban, aux prix désignés ci-dessous.

Garniture à ruban, cuivre.	Garniture à ruban, plaqué argent.	Garniture à ruban, boucles doubles, cuivre.	Garniture à ruban, boucles doubles, plaqué argent.
52 »	57 »	54 »	64 »

Grands Boucleteaux, même désignation du n° 3, garniture à dos d'âne ou à biseaux, aux prix désignés ci-dessous.

Garniture à dos d'âne, cuivre.	Garniture à dos d'âne, plaqué argent.	Garniture à dos d'âne, boucles doubles, cuivre.	Garniture à dos d'âne, boucles doubles, plaqué argent.
54 »	59 »	57 »	67 »

Grands Boucleteaux de carrosse n° 4, désignés comme suit :

Grands boucleteaux de carrosse, les quatre, coupés en 18 lignes, à grands feutres; les petits boucleteaux et sanglons en 12 lignes, doublés bombés à quatre rangs; le tout cousu du 15 au pouce, montés à fourreaux bombés, finis à la main et cousus à points voyants, avec garniture à jonc, aux prix désignés ci-dessous.

Garniture, jonc verni.	Garniture, jonc cuivre.	Garniture, jonc plaqué argent.	Garniture, boucl. doubles, jonc cuivre.	Garniture, boucl. doubles, jonc plaqué argent.
48 »	52 »	54 »	58 »	64 »

Grands Boucleteaux, même désignation du n° 4, garniture méplate et faux piqué, aux prix désignés ci-dessous.

Garniture, faux piqué.	Garniture méplate, cuivre.	Garniture méplate, plaqué argent.	Garniture méplate, boucles doubles, cuivre.	Garniture méplate, boucl. doubles, plaqué argent.
51 »	54 »	59 »	59 »	66 »

Grands Boucleteaux, même désignation du n° 4, garniture à ruban, aux prix désignés ci-dessous.

Garniture à ruban, cuivre.	Garniture à ruban, plaqué argent.	Garniture à ruban, boucles doubles, cuivre.	Garniture à ruban, boucles doubles, plaqué argent.
58 »	63 »	60 »	70 »

Grands Boucleteaux, même désignation du n° 4, garniture à dos d'âne, aux prix désignés ci-dessous.

Garniture à dos d'âne, cuivre.	Garniture à dos d'âne, plaqué argent.	Garniture à dos d'âne, boucles doubles, cuivre.	Garniture à dos d'âne, boucles doubles, plaqué argent.
60 »	75 »	63 »	73 »

Grands Boucleteaux, même désignation du n° 4, garniture toute enveloppée, au prix désigné ci-après.. 58 »

Grands Boucleteaux, même désignation du n° 4, garniture ruban, bronze aluminium, au prix désigné ci-après.. 76 »

Grands Boucleteaux de carrosse, pour poneys, les quatre, coupés en 17 lignes; les petits boucleteaux et sanglons en 11 lignes, même désignation des boucleteaux pour tous chevaux, voir les n°s 1, 2, 3 et 4, en moins.. 1 50

Grands Boucleteaux de carrosse, pour petits poneys, les quatre, coupés en 16 lignes, les petits boucleteaux et sanglons en 10 lignes, même désignation des boucleteaux pour tous chevaux; voir les n°s 1, 2, 3 et 4, en moins.. 3 »

Grands Boucleteaux de carrosse, pour corses ou tarbes, les quatre, coupés en 15 lignes, les petits boucleteaux et sanglons en 10 lignes, même désignation des boucleteaux pour tous chevaux; voir les nos 1, 2, 3 et 4, en moins........ 4 50

OBSERVATIONS

Attelles enveloppées et cousues, soit cuir verni ou cuir gras, mêmes prix que pour cabriolet, par paire d'attelles; voir plus loin.

Montage des boucleteaux rivés aux attelles à la désignation du n° 1; supplément....... 2 »
Montage des boucleteaux rivés aux attelles à la désignation du n° 2; supplément....... 2 50
Montage des boucleteaux rivés aux attelles à la désignation du n° 3; supplément....... 3 »
Montage des boucleteaux rivés aux attelles à la désignation du n° 4; supplément....... 4 »

Si vous désirez les boucleteaux complets avec les attelles, voyez plus loin le prix des attelles, et ajoutez-le aux prix des boucleteaux que vous prenez; ajoutez-y les prix de l'enveloppage des attelles, le prix de la garniture de coulants, le montage des quatre boucleteaux rivés aux attelles, et vous aurez le prix de revient des boucleteaux complets.

EXEMPLE

Les attelles à jonc vernis sont au prix de, les deux paires........	4 50
Les grands boucleteaux n° 1, tous garnis boucles à jonc verni, les deux paires..........	24 »
Les enveloppes d'attelles cuir gras, cousus sur les attelles, au prix de........	3 50
Montage des quatre boucleteaux rivés aux attelles, au prix de........	2 »
Coulants avec anneaux à jonc verni, les quatre pièces, au prix de........	1 75
TOTAL..........	35 75

Ces objets réunis ensemble font le total des deux paires complètes de boucleteaux; en vous rendant compte ainsi, vous avez tous les prix de revient de toutes les attelles avec leurs grands boucleteaux, des plus ordinaires aux plus riches.

TRAITS DE CARROSSE POUR TOUS CHEVAUX

Traits de carrosse, les deux paires, coupés en 18 lignes, soit plats ou bombés, avec leurs dés, soit à jonc ou faux piqué vernis, désignés comme suit :

Nos 1. Traits plats à quatre coutures du 10 au pouce, les deux paires, au prix désigné ci-après. 38 »
2. Traits plats à quatre coutures du 12 au pouce, les deux paires, au prix désigné ci-après. 40 »
3. Traits bombés cousus du 12 au pouce, les deux paires, au prix désigné ci-après...... 44 »
4. Traits bombés cousus du 13 au pouce, les deux paires, au prix désigné ci-après...... 46 »

TRAITS DE CARROSSE POUR PONEYS

Traits de carrosse, les deux paires, coupés en 17 lignes, soit plats ou bombés, avec leurs dés, soit à jonc ou faux piqué vernis, désignés comme suit :

5. Traits plats à quatre coutures du 10 au pouce, les deux paires, au prix désigné ci-après. 36 »
6. Traits plats à quatre coutures du 12 au pouce, les deux paires, au prix désigné ci-après. 38 »
7. Traits bombés cousus du 12 au pouce, les deux paires, au prix désigné ci-après...... 42 »

TRAITS DE CARROSSE POUR PETITS PONEYS

Traits de carrosse, les deux paires, coupés en 16 lignes, soit plats ou bombés, avec leurs dés, soit à jonc ou faux piqué vernis, désignés comme suit :

8. Traits plats à quatre coutures du 10 au pouce, les deux paires, au prix désigné ci-après. 34 »
9. Traits plats à quatre coutures du 12 au pouce, les deux paires, au prix désigné ci-après. 36 »
10. Traits bombés à quatre coutures du 12 au pouce, les deux paires, au prix désigné ci-après. 40 »

TRAITS DE CARROSSE POUR CORSES OU TARBES

Traits de carrosse, les deux paires, coupés en 15 lignes, soit plats ou bombés, avec leurs dés, soit à jonc ou faux piqué vernis, désignés comme suit :

Nos 11. Traits plats à quatre coutures du 10 au pouce, les deux paires, au prix désigné ci-après. 32 »
12. Traits plats à quatre coutures du 12 au pouce, les deux paires, au prix désigné ci-après. 34 »
13. Traits bombés cousus du 12 au pouce, les deux paires, au prix désigné ci-après..... 38 »

OBSERVATIONS

Tous les traits, sans exception, avec dés, soit cuivre, plaqué argent, soit à jonc, méplat, ruban ou dos d'âne, en remplacement des dés à jonc ou faux piqué, se paient en supplément suivant leur valeur.

Tous les traits, soit poneys, soit petits poneys, soit corses ou tarbes, leurs longueurs sont proportionnées à leurs largeurs; voir le tableau des longueurs et largeurs, pages 3, 4 et 5.

CHAINETTES DE TIMON, ATTELAGE A DEUX

POUR TOUS CHEVAUX

Chaînettes de timon n° 1, désignées comme suit :

Chaînettes de timon, la paire, coupées en 18 lignes, cousues du 10 au pouce, montées à fourreaux, avec boucles à jonc, aux prix désignés ci-dessous.

Boucles, jonc verni.	Boucles, jonc cuivre.	Boucles, jonc plaqué argent.	Boucles doubles, jonc cuivre.	Boucles doubles, jonc plaqué argent.
19 »	21 »	21 »	23 »	24 »

Chaînettes, même désignation du n° 1, boucles méplates ou faux piqué, aux prix désignés ci-dessous.

Boucles, faux piqué.	Boucles méplates, cuivre.	Boucles méplates, plaqué argent.	Boucles doubles méplates, cuivre.	Boucles doubles méplates, plaqué argent.
20 »	22 »	22 »	24 »	25 »

Chaînettes de timon n° 2, désignées comme suit :

Chaînettes de timon, la paire, coupées en 18 lignes, cousues du 12 au pouce, montées à fourreaux, avec boucles à jonc, aux prix désignés ci-dessous.

Boucles, jonc verni.	Boucles, jonc cuivre.	Boucles, jonc plaqué argent.	Boucles doubles, jonc cuivre.	Boucles doubles, jonc plaqué argent.
20 »	22 »	22 »	24 »	25 »

Chaînettes, même désignation du n° 2, avec boucles méplates ou faux piqué, aux prix désignés ci-dessous.

Boucles, faux piqué.	Boucles méplates, cuivre.	Boucles méplates, plaqué argent.	Boucles doubles méplates, cuivre.	Boucles doubles méplates, plaqué argent.
21 »	23 »	23 »	25 »	26 »

Chaînettes, même désignation du n° 2, avec boucles à ruban, aux prix désignés ci-dessous.

Boucles, ruban, cuivre.	Boucles, ruban, plaqué argent.	Boucles doubles, ruban, cuivre.	Boucles doubles, ruban, plaqué argent.
24 »	26 »	26 »	30 »

Chaînettes, même désignation du n° 2, avec boucles à dos d'âne, aux prix désignés ci-dessous.

Boucles, dos d'âne, cuivre.	Boucles, dos d'âne, plaqué argent.	Boucles doubles, dos d'âne, cuivre.	Boucles doubles, dos d'âne, plaqué argent.
25 »	27 »	27 »	31 »

Chaînettes de timon n° 3, désignées comme suit :

Chaînettes de timon, la paire, coupées en 18 lignes, doublées bombées, cousues du 12 au pouce, montées à fourreaux bombés, avec boucles à jonc, aux prix désignés ci-dessous.

Boucles, jonc verni.	Boucles, jonc cuivre.	Boucles, jonc plaqué argent.	Boucles doubles, jonc cuivre.	Boucles doubles, jonc plaqué argent.
22 »	24 »	24 »	26 »	27 »

Chaînettes, même désignation du n° 3, avec boucles méplates et faux piqué, aux prix désignés ci-dessous.

Boucles, faux piqué.	Boucles méplates, cuivre.	Boucles méplates, plaqué argent.	Boucles doubles méplates, cuivre.	Boucles doubles méplates, plaqué argent.
23 »	25 »	25 »	27 »	28 »

Chaînettes, même désignation du n° 3, boucles à ruban, aux prix désignés ci-dessous.

Boucles, ruban, cuivre.	Boucles, ruban, plaqué argent.	Boucles doubles, ruban, cuivre.	Boucles doubles, ruban, plaqué argent.
26 »	28 »	28 »	32 »

Chaînettes, même désignation du n° 3, boucles à dos d'âne, aux prix désignés ci-dessous.

Boucles, dos d'âne, cuivre.	Boucles, dos d'âne, plaqué argent.	Boucles doubles, dos d'âne, cuivre.	Boucles doubles, dos d'âne, plaqué argent.
27 »	29 ».	29 »	33 »

Chaînettes de timon n° 4, désignées comme suit :

Chaînettes de timon, la paire, coupées en 18 lignes, doublées bombées, cousues du 13 au pouce, montées à fourreaux bombés, finis à la main, cousus à points voyants, avec boucles à jonc, au prix désignés ci-dessous.

Boucles, jonc verni.	Boucles, jonc cuivre.	Boucles, jonc plaqué argent.	Boucles doubles, jonc cuivre.	Boucles doubles, jonc plaqué argent.
23 50	25 50	25 50	27 50	28 50

Chaînettes, même désignation du n° 4, avec boucles méplates ou faux piqué, aux prix désignés ci-dessous.

Boucles, faux piqué.	Boucles méplates, cuivre.	Boucles méplates, plaqué argent.	Boucles doubles méplates, cuivre.	Boucles doubles méplates, plaqué argent.
24 50	26 50	26 50	28 50	29 50

Chaînettes, même désignation du n° 4, avec boucles à ruban, aux prix désignés ci-dessous.

Boucles, ruban, cuivre.	Boucles, ruban, plaqué argent.	Boucles doubles, ruban, cuivre.	Boucles doubles, ruban, plaqué argent.
27 50	29 50	29 50	33 50

Chaînettes, même désignation du n° 4, avec boucles à dos d'âne, aux prix désignés ci-dessous.

Boucles, dos d'âne, cuivre.	Boucles, dos d'âne, plaqué argent.	Boucles doubles, dos d'âne, cuivre.	Boucles doubles, dos d'âne, plaqué argent.
28 50	30 50	30 50	34 50

Chaînettes, même désignation du n° 4, avec boucles toutes enveloppées, au prix désigné ci-après .... 27 »

Chaînettes, même désignation du n° 4, avec boucles à ruban, en bronze aluminium, au prix désigné ci-après .... 37 »

CHAINETTES DE TIMON POUR PONEYS

Chaînettes de timon, la paire, coupées en 17 lignes, même désignation que pour tous chevaux; voir les nos 1, 2, 3 et 4, en moins .... 1 »

CHAINETTES DE TIMON POUR PETITS PONEYS

Chaînettes de timon, la paire, coupées en 16 lignes, même désignation que pour tous chevaux; voir les nos 1, 2, 3 et 4, en moins .... 2 »

CHAINETTES DE TIMON POUR CORSES OU TARBES

Chaînettes de timon, la paire, coupées en 15 lignes, même désignation que pour tous chevaux; voir les nos 1, 2, 3 et 4, en moins .... 3 »

OBSERVATIONS

Chaînettes, soit pour poneys, petits poneys, corses ou tarbes, leurs longueurs sont proportionnées à leurs largeurs; pour vous renseigner, voyez le tableau des longueurs et largeurs, aux pages 3, 4 et 5.

Mantelets en tous genres, voyez page 41.
Sous-Ventrières et Coulants, voyez page 53.
Sanglons de mantelets cuir simple et doublés, voyez page 52.

MANCELLES AVEC CHAPES A ÉCROUS EN TOUS GENRES

Mancelles n° 1, désignées comme suit :

Mancelles, les quatre, coupées en 12 lignes, cuir simple, avec chapes à écrous, à jonc, aux prix désignés ci-dessous.

Mancelles cuir simple, chapes jonc verni, les quatre.	Mancelles cuir simple, chapes jonc cuivre, les quatre.	Mancelles cuir simple, chapes jonc plaqué argent, les quatre.
3 50	5 50	6 50

Mancelles, même désignation du n° 1, avec chapes méplates et faux piqué, aux prix désignés ci-dessous.

Mancelles cuir simple, chapes faux piqué, les quatre.	Mancelles cuir simple, chapes méplates, cuivre, les quatre.	Mancelles cuir simple, chapes méplates, plaqué argent, les quatre.
4 75	6 »	7 »

Mancelles n° 2, désignées comme suit :

Mancelles avec sanglons, doublées bombées, coupées en 12 lignes, deux rangs de piqûres du 12 au pouce, avec chapes à jonc, à écrous, aux prix désignés ci-dessous.

Mancelles doublées, deux rangs, chapes jonc verni, les quatre.	Mancelles doublées, deux rangs, chapes jonc cuivre, les quatre.	Mancelles doublées, deux rangs, chapes jonc plaqué argent, les quatre.
4 50	6 50	7 50

Mancelles, même désignation du n° 2, avec chapes méplates ou faux piqué, aux prix désignés ci-dessous.

Mancelles doublées, deux rangs, chapes faux piqué, les quatre.	Mancelles doublées, deux rangs, chapes méplates, cuivre, les quatre.	Mancelles doublées, deux rangs, chapes méplates, plaqué argent, les quatre.
5 75	7 »	8 »

Mancelles, même désignation du n° 2, avec chapes à ruban et enveloppées, aux prix désignés ci-dessous.

Mancelles doublées, deux rangs, chapes à ruban, cuivre, les quatre.	Mancelles doublées, deux rangs, chapes à ruban, plaqué argent, les quatre.	Mancelles doublées, deux rangs, chapes enveloppées, les quatre.
7 75	10 75	10 75

Mancelles, même désignation du n° 2, avec chapes à dos d'âne et bronze aluminium, aux prix désignés ci-dessous.

Mancelles doublées, deux rangs, chapes à dos d'âne, cuivre, les quatre.	Mancelles doublées, deux rangs, chapes à dos d'âne, plaqué argent, les quatre.	Mancelles doublées, deux rangs, chapes aluminium, les quatre.
8 50	11 »	15 »

Mancelles n° 3, désignées comme suit :

Mancelles avec sanglons doublées bombées, coupées en 12 lignes, à quatre rangs du 14 au pouce, avec chapes à jonc, aux prix désignés ci-dessous.

Mancelles doublées, quatre rangs, chapes jonc verni, les quatre.	Mancelles doublées, quatre rangs, chapes jonc cuivre, les quatre.	Mancelles doublées, quatre rangs, chapes jonc plaqué argent, les quatre.
5 »	7 »	8 »

Mancelles, même désignation du n° 3, avec chapes méplates et faux piqué, aux prix désignés ci-dessous.

Mancelles doublées, quatre rangs, chapes faux piqué, les quatre.	Mancelles doublées, quatre rangs, chapes méplates, cuivre, les quatre.	Mancelles doublées, quatre rangs, chapes méplates, plaqué argent, les quatre.
6 25	7 50	8 50

Mancelles, même désignation du n° 3, avec chapes à ruban et enveloppées, aux prix désignés ci-dessous.

Mancelles doublées, quatre rangs, chapes à ruban, cuivre, les quatre.	Mancelles doublées, quatre rangs, chapes à ruban, plaqué argent, les quatre.	Mancelles doublées, quatre rangs, chapes enveloppées, les quatre.
8 25	11 25	11 25

Mancelles, même désignation du n° 3, avec chapes à dos d'âne et bronze aluminium, aux prix désignés ci-dessous.

Mancelles doublées, quatre rangs, chapes à dos d'âne, cuivre, les quatre.	Mancelles doublées, quatre rangs, chapes à dos d'âne, plaqué argent, les quatre.	Mancelles doublées, quatre rangs, chapes aluminium, les quatre.
9 »	11 50	15 50

Mancelles n° 4, désignées comme suit :

Mancelles avec sanglons doublées bombées, quatre rangs, coupées en 12 lignes, cousues du 15 au pouce, avec chapes à jonc, aux prix désignés ci-dessous.

Mancelles doublées, quatre rangs du 15, chapes jonc verni, les quatre.	Mancelles doublées, quatre rangs du 15, chapes jonc cuivre, les quatre.	Mancelles doublées, quatre rangs du 15, chapes jonc plaqué argent, les quatre.
6 »	8 »	9 »

Mancelles, même désignation du n° 4, avec chapes méplates et faux piqué, aux prix désignés ci-dessous.

Mancelles, quatre rangs du 15, chapes faux piqué, les quatre.	Mancelles, quatre rangs du 15, chapes méplates, cuivre, les quatre.	Mancelles, quatre rangs du 15, chapes méplates, plaqué argent, les quatre.
7 25	8 50	9 50

Mancelles, même désignation du n° 4, avec chapes à ruban et enveloppées, aux prix désignés ci-dessous.

Mancelles, quatre rangs du 15, chapes à ruban, cuivre, les quatre.	Mancelles, quatre rangs du 15, chapes à ruban, plaqué argent, les quatre.	Mancelles, quatre rangs du 15, chapes enveloppées, les quatre.
9 25	12 25	12 25

Mancelles, même désignation du n° 4, avec chapes à dos d'âne et bronze aluminium, aux prix désignés ci-dessous.

Mancelles, quatre rangs du 15, chapes à dos d'âne, cuivre, les quatre.	Mancelles, quatre rangs du 15, chapes à dos d'âne, plaqué argent, les quatre.	Mancelles, quatre rangs du 15, chapes aluminium, les quatre.
10 »	12 50	16 50

Mancelles chapes à écrous, avec sanglons, coupées en 11 lignes, même désignation des mancelles pour tous chevaux, voir les nos 1, 2, 3 et 4 ; en moins........................ » 25

Mancelles chapes à écrous, avec sanglons, coupées en 10 lignes, même désignation des mancelles pour tous chevaux, voir les nos 1, 2, 3 et 4 ; en moins........................ » 50

DERRIÈRES DE RECULEMENTS DE CARROSSE

POUR TOUS CHEVAUX

Derrières de reculements n° 1, désignés comme suit :

Derrières de reculements, les deux, coupés en 16 lignes, doublés bombés, cousus à deux rangs du 10 au pouce, avec boucleteaux montés à fourreaux; garniture à jonc, à talon, aux prix désignés ci-dessous.

Garniture jonc verni, les deux.	Garniture faux piqué, les deux.	Garniture jonc cuivre, les deux.	Garniture jonc plaqué argent, les deux.	Garniture jonc, boucl. doubl., cuivre, les deux.	Garniture jonc, boucl. doubl., plaqué argent, les deux.
28 »	29 50	30 »	32 »	32 »	36 »

Derrières de reculements n° 2, désignés comme suit :

Derrières de reculements, les deux, coupés en 16 lignes, doublés bombés, deux rangs du 12 au pouce, avec boucleteaux montés à fourreaux; garniture à jonc, aux prix désignés ci-dessous.

Garniture jonc verni, les deux.	Garniture faux piqué, les deux.	Garniture jonc cuivre, les deux.	Garniture jonc plaqué argent, les deux.	Garniture jonc, boucl. doubl., cuivre, les deux.	Garniture jonc, boucl. doubl., plaqué argent, les deux.
30 »	31 50	32 »	34 »	34 »	38 »

Derrières de reculements n° 3, désignés comme suit :

Derrières de reculements, les deux, coupés en 16 lignes, doublés bombés, deux rangs du 13 au pouce, avec boucleteaux montés à fourreaux; garniture à jonc, aux prix désignés ci-dessous.

Garniture jonc verni, les deux.	Garniture faux piqué, les deux.	Garniture jonc cuivre, les deux.	Garniture jonc plaqué argent, les deux.	Garniture jonc, boucl. doubl., cuivre, les deux.	Garniture jonc, boucl. doubl., plaqué argent, les deux.
32 »	33 50	34 »	36 »	36 »	40 »

Derrières de reculements n° 4, désignés comme suit :

Derrières de reculements, les deux, coupés en 16 lignes, doublés bombés, quatre rangs du 14 au pouce, avec boucleteaux montés à fourreaux bombés; garniture à jonc, aux prix désignés ci-dessous.

Garniture jonc verni, les deux.	Garniture faux piqué, les deux.	Garniture jonc cuivre, les deux.	Garniture jonc plaqué argent, les deux.	Garniture jonc, boucl. doubl., cuivre, les deux.	Garniture jonc, boucl. doubl., plaqué argent, les deux.
40 »	41 50	42 »	44 »	44 »	48 »

Derrières de reculements n° 5, désignés comme suit :

Derrières de reculements, les deux, coupés en 16 lignes, doublés bombés, quatre rangs du 15 au pouce, avec boucleteaux montés à fourreaux bombés, finis à la main, cousus à points voyants; garniture à jonc, aux prix désignés ci-dessous.

Garniture jonc verni, les deux.	Garniture faux piqué, les deux.	Garniture jonc cuivre, les deux.	Garniture jonc plaqué argent, les deux.	Garniture jonc, boucl. doubl., cuivre, les deux.	Garniture jonc, boucl. doubl., plaqué argent. les deux.
45 »	46 50	47 »	49 »	49 »	53 »

Derrières de reculements, pour poneys, coupés en 15 lignes, même désignation que pour tous chevaux, voir les n°s 1, 2, 3 et 4; en moins.......... 1 »

Derrières de reculements, pour petits poneys, même désignation que pour tous chevaux, voir les n°s 1, 2, 3 et 4; en moins.......... 2 »

Derrières de reculements, pour corses ou tarbes, même désignation que pour tous chevaux, voir les n°s 1, 2, 3 et 4; en moins.......... 3 »

OBSERVATION

Pour tous les derrières de reculements, sans exception, avec boucles méplates, ruban, dos d'âne, enveloppées et bronze aluminium, se paient en plus des garnitures à jonc suivant leur valeur; voir le prix des boucles et dés, aux pages

---

Corps de croupières, les mêmes désignations que pour cabriolet, nos 1, 2, 3, 4 et 5; voir page 61.
Barres de fesses ou surdos, les mêmes désignations que pour cabriolet, nos 1, 2, 3, 4 et 5; voir page

---

OBSERVATION

Si vous désirez avoir les reculements complets, ajoutez les deux corps de croupières, les deux barres ou surdos, vous aurez les prix coûtants d'après les numéros que vous me désignerez, en y ajoutant les porte-traits désignés ci-dessous.

PORTE-TRAITS, LA GARNITURE DE QUATRE

Porte-Traits n° 1, désignés comme suit :

Porte-Traits, dont deux avec battants vernis, deux rangs et deux cuirs simples; les quatre, avec boucles à jonc, à talon, aux prix désignés ci-dessous.

Porte-Traits, deux rangs, boucles, jonc verni, les quatre.	Porte-Traits, deux rangs, boucles, jonc cuivre, les quatre.	Porte-Traits, deux rangs, boucles, jonc plaqué argent, les quatre.	Porte-Traits, deux rangs, boucles doubles, jonc cuivre, les quatre.	Porte-Traits, deux rangs, boucles doubles, jonc plaqué argent, les quatre.
4 »	4 50	4 75	5 »	5 50

Porte-Traits n° 2, désignés comme suit :

Porte-Traits, dont deux avec battants vernis, trois rangs et deux cuirs simples; les quatre, avec boucles à jonc, à talon, aux prix désignés ci-dessous.

Porte-Traits, trois rangs, boucles à talon, jonc verni, les quatre.	Porte-Traits, trois rangs, boucles à talon, jonc cuivre, les quatre.	Porte-Traits, trois rangs, boucles à talon, jonc plaqué argent, les quatre.	Porte-Traits, trois rangs, boucles doubles, jonc cuivre, les quatre.	Porte-Traits, trois rangs, boucles doubles, jonc plaqué argent, les quatre.
4 50	5 »	5 25	5 50	6 »

OBSERVATION

Les porte-traits nos 1 et 2, avec boucles soit méplates, ruban, dos d'âne; soit cuivre, plaqué argent, enveloppées et bronze aluminium, se paient en supplément des boucles à jonc; voir plus loin le prix des boucles.

BRICOLES POUR HARNAIS DE POSTE

Bricoles, les deux complètes, avec dessus de cou, prêtes à recevoir les traits en corde, aux prix désignés ci-dessous.

Nos 1. Bricoles, les deux complètes, cousues du 10, avec garniture à jonc, à talon verni, au prix désigné ci-après .... 44 »
2. Bricoles, les deux complètes, cousues du 10, avec garniture à jonc, à talon cuivre, au prix désigné ci-après .... 50 »
3. Bricoles, les deux complètes, cousues du 10, avec garniture méplate cuivre, au prix désigné ci-après .... 52 »

GRELOTTIÈRES EN TOUS GENRES POUR HARNAIS DE POSTE

Nos 1. Grelottière cuir noir, avec blaireau et grelots, grosse série n° 6, au prix désigné ci-après. 6 »
2. Grelottière cuir verni, bordé de couleurs, avec blaireaux et grelots tyroliens, fendus en quatre, au prix désigné ci-après........ 10 »
3. Grelottière cuir verni de toutes couleurs et bordé, avec blaireaux et grelots tyroliens, fendus en huit, au prix désigné ci-après........ 11 »

Toute grelottière avec grelots blanchis supplément........ » 25

Toute grelottière avec grelots d'un numéro plus fort que le n° 6, se paie en plus suivant la différence.

Toute grelottière avec grelots tyroliens polis, tournés, supplément........ 1 25

Queues de renard montées, en vernis de couleurs, la douzaine........ 15 »

Queues de renard non montées........ la douzaine. 6, 8, 10 et 12 »

Fronteau à grelots, la pièce........ 3 50

GUIDES DE CARROSSE

Guides plates n° 1, désignées comme suit :

Guides plates, coupées en 10 lignes, 6 longueurs de chacune deux mètres, moitié noir et cuir jaune bruni, avec huit boucles à jonc, aux prix désignés ci-dessous.

Guides plates, à talon, jonc verni.	Guides plates, boucles, faux piqué.	Guides plates, à jonc cuivre.	Guides plates, à jonc plaqué argent.	Guides plates, boucles doubles, jonc cuivre.	Guides plates, boucles doubles, jonc plaqué argent.
12 50	13 »	13 50	14 25	14 50	15 50

Guides plates n° 2, désignées comme suit :

Guides plates extra-fortes, supplément sur le n° 1........ 1 50

Guides rondes n° 3, désignées comme suit :

Guides rondes jaunes ou noires, mains simples jaunes ou brunies, boucles à jonc, aux prix désignés ci-dessous.

Guides rondes, boucles, jonc verni.	Guides rondes, boucles, faux piqué.	Guides rondes, boucles, jonc cuivre.	Guides rondes, boucles, jonc plaqué argent.	Guides rondes, boucles doubles, jonc cuivre.	Guides rondes, boucles doubles, jonc plaqué argent.
19 »	19 50	20 »	20 75	21 »	22 »

Guides rondes n° 4, désignées comme suit :

Guides rondes, mains simples, bas doublés, supplément........ 1 »

Guides rondes n° 5, désignées comme suit :

Guides doublées bombées, noires ou jaunes, avec les mains cuir doublées bombées, aux prix désignés ci-dessous.

Guides doublées, boucles, jonc verni.	Guides doublées, boucles, faux piqué.	Guides doublées, boucles, jonc cuivre.	Guides doublées, boucles, jonc plaqué argent.	Guides doublées, boucles doubles, jonc cuivre.	Guides doublées, boucles doubles, jonc plaqué argent.
39 »	40 »	40 50	40 50	41 »	42 »

OBSERVATIONS

Pour les mains de guides, voir page 65.

Toutes guides de carrosse avec boucles à jonc désignées ci-dessus, avec boucles méplates, ruban, dos d'âne; soit cuivre, plaqué argent ou enveloppées et aluminium, prennent le supplément des boucles; pour les boucles, voir plus loin.

GUIDES EN CORDES ET FILS DE FOUETS POUR CARROSSE

Nos	Désignation		Prix
1.	Guides septin écrues	la paire.	7 »
2.	Guides grelin gris	—	11 »
».	Guides grelin blanches	—	12 »
3.	Guides tressées carrées grises	—	15 »
».	Guides tressées carrées blanches	—	16 »
4.	Guides tressées rondes grises	—	15 »
».	Guides tressées rondes blanches	—	16 »
5.	Guides tressées plates grises	—	15 »
».	Guides tressées plates blanches	—	16 »

ARÇONS DE SELLETTES ANGLAISES

Arçons à deux pointes, fortes ferrures, de 4 à 8 pouces	22 »
Arçons à quatre pointes, fortes ferrures, de 4 à 8 pouces	30 »
Arçons à quatre pointes, ferrures renforcées de 4 à 8 pouces	33 »
Arçons de sellettes-mantelets, ferrures renforcées	4 25
Arçons de sellettes à coulisses, ferrures renforcées	5 50

Tôles de mantelets de poste	la paire.	3 25
Tôles de mantelets droites ou à poires	—	3 50
Tôles de mantelets droites ou à poires chassantes	—	4 25

ARÇONS DE SELLES A MONTER

Arçons anglais, 14 pouces ½	2 25
Arçons anglais, 15 à 16 pouces, renforcés.	4 »
Arçons anglais, bandes de bois fines	7 50
Arçons de selle demi-française	4 50
Arçons de selle demi-lyonnaise	4 50
Arçons de selle lyonnaise	4 50
Arçons de selle américaine	3 75
Arçons anglais, 15 ½ à 16 pouces	3 25
Arçons anglais, bandes de bois	3 50
Arçons anglais élastiques	5 50
Arçons de selle de femme, deux cornes	4 75
Arçons de selle de femme, trois cornes	7 »
Arçons à la fermière	7 »

TOLES D'ŒILLÈRES

Tôles d'œillères tous modèles ou formes, en ordinaire	» 30
Tôles d'œillères tous modèles ou formes, grand modèle	» 40
Tôles d'œillères tous modèles ou formes, avec dés de ronds vernis	» 65

FOURREAUX ET PASSANTS

Garniture fourreaux et passants cabriolet, la garniture	2 75
Garniture fourreaux plats cabriolet, la g^re	4 60
Garniture fourreaux bombés cabriolet, la garniture	5 50
Garniture fourreaux bombés, finis à la main, cabriolet, la garniture	7 50
Garniture fourreaux et passants carrosse, la garniture	9 »
Garniture fourreaux plats carrosse, la g^re	12 »
Garniture fourreaux bombés carrosse, la garniture	15 »
Garniture fourreaux bombés, finis à la main, carrosse, la garniture	18 »

FOURREAUX ET PASSANTS PLATS.

Garniture traits carrosse, les quatre fourreaux	3 75
Fourreaux de chaînettes, la paire	1 75
Fourreaux traits cabriolet, la paire	» 75

FOURREAUX ET PASSANTS BOMBÉS.

Garniture traits de carrosse, les quatre fourreaux	4 25
Fourreaux de chaînettes, la paire	2 »
Fourreaux traits cabriolet, la paire	» 90

FOURREAUX ET PASSANTS BOMBÉS, FINIS A LA MAIN.

Garniture traits de carrosse, les quatre fourreaux	5 »
Fourreaux de chaînettes, la paire	2 25
Fourreaux traits cabriolet, la paire	1 »

FOURREAUX ET PASSANTS
PLATS *(suite)*.

Fourreaux d'œillères, la p[re] » 75
Fourreaux de barres et croupières, la paire........ » 60
Fourreaux mancelles et courroies de reculements la paire.............. » 50
Fourr[x] avant-sous-gorges, culerons, guides, porte-traits, la paire........ » 25
Fourreaux plates-longes et dossières, la paire..... » 60
Passants quadrillés, 8 à 10 lignes, le °/o....... 2 75
Passants quadrillés, 11 à à 14 lignes, le °/o..... 3 25
Passants de chaînettes, la douzaine............. 3 50
Passants de bas de traits, la pièce.............. » 30
Coulants de rênes, le °/o 6 »
Coulants de croupières, la douzaine............. 2 25

FOURREAUX ET PASSANTS
BOMBÉS *(suite)*.

Fourreaux d'œillères, la p[re] » 90
Fourreaux de barres et croupières, la paire......... » 70
Fourreaux mancelles et courroies de reculements, la paire............... » 55
Fourr[x] avant-sous-gorges, culerons, guides, porte-traits, la paire......... » 30
Fourreaux plates-longes et dossières, la paire...... » 70
Passants, 8 à 10 lignes, le °/o................. 3 »
Passants, 11 à 14 lignes, le °/o................. 3 50
Passants de chaînettes, la douzaine............ 4 »
Passants de bas de traits, la pièce............... » 35
Coulants de rênes, le °/o... 7 50
Coulants de croupières, la douzaine............. 2 50

FOURREAUX ET PASSANTS
BOMBÉS, FINIS A LA MAIN *(suite)*.

Fourreaux d'œillères, la p[re] 1 »
Fourreaux de barres et croupières, la paire........ » 80
Fourreaux mancelles et courroies de reculements la paire.............. » 75
Fourr[x] avant-sous-gorges, culerons, guides, porte-traits, la paire........ » 40
Fourreaux plates-longes et dossières, la paire..... » 80
Passants fins, 8 à 10 lignes, le °/o............... 4 25
Passants fins, 11 à 14 lignes, le °/o............... 4 75
Passants de chaînettes, la douzaine............. 4 50
Passants de bas de traits, la pièce.............. » 40
Coulants de rênes, le °/o.. 9 »
Coulants de croupières, la douzaine............. 3 »

GARNITURES DE HARNAIS POUR CABRIOLETS

EN TOUS GENRES

COMPOSITION DE LA GARNITURE CABRIOLET

1 paire attelles.
1 coulant.
1 paire clefs de sellette.
1 crochet de sellette.
4 clous de sellette.
1 paire panurges.
1 paire porte-brancards.
1 paire boucles de traits.
1 paire anneaux 18 lignes.
2 dés de barres 9 lignes.
1 boucle lyre 7 lignes.
18 boucles lyre 9 lignes.
4 boucles lyre 10 lignes.
4 boucles lyre 12 lignes.
1 anneau 12 lignes.
2 anneaux 9 lignes.
2 anneaux 8 lignes.
4 boucles sous-ventrières.
2 boucl. rouleaux 8 et 12 lig.
1 paire tôles d'œillères.

PRIX DES GARNITURES DE CABRIOLETS

Garniture à jonc, attelles tirages à pointes, boucles à lyre, aux prix désignés ci-dessous.

Jonc, boucles à lyre, vernies ou étamées.	Jonc, boucles à lyre, à talon, vernies.	Jonc, boucles à lyre, cuivre.	Jonc, boucles à lyre, plaqué argent.	Jonc, boucles à lyre, maillechort.	Jonc, boucl. doubles, cuivre.	Jonc, boucl. doubles, plaqué argent.	Jonc, boucl. doubles, maillechort.
7 »	8 »	19 »	24 »	29 »	29 »	39 »	50 »

Garniture à jonc, grandes bagues, attelles tirages à pointes, aux prix désignés ci-dessous.

Jonc, gr[des] bagues, boucles à talon, verni.	Jonc, gr[des] bagues, boucles à talon, cuivre.	Jonc, gr[des] bagues, boucles à talon, plaqué argent.	Jonc, gr[des] bagues, boucles à talon, maillechort.	Jonc, gr[des] bagues, boucles doubles, cuivre.	Jonc, gr[des] bagues, boucles doubles, plaqué argent.	Jonc, gr[des] bagues, boucles doubles, maillechort
10 »	24 »	34 »	39 »	34 »	44 »	49 »

Garniture à jonc, grandes bagues, attelles tirages demi-larges, aux prix désignés ci-dessous.

Garniture faux piqué verni.	Jonc, gr[des] bagues, boucles à talon, cuivre.	Jonc, gr[des] bagues, boucles à talon, plaqué argent.	Jonc, gr[des] bagues, boucles à talon, maillechort.	Jonc, gr[des] bagues, boucles doubles, cuivre.	Jonc, gr[des] bagues, boucles doubles, plaqué argent.	Jonc, gr[des] bagues, boucles doubles, maillechort.
14 »	28 »	38 »	46 »	38 »	48 »	54 »

Garniture à jonc, grandes bagues, attelles tirages larges, aux prix désignés ci-dessous.

Jonc, grandes bagues, boucles à talon, cuivre.	Jonc, grandes bagues, boucles à talon, plaqué argent.	Jonc, grandes bagues, boucles à talon, maillechort.	Jonc, grandes bagues, boucles doubles, cuivre.	Jonc, grandes bagues, boucles doubles, plaqué argent.	Jonc, grandes bagues, boucles doubles, maillechort.
30 »	40 »	48 »	40 »	50 »	56 »

Garniture méplate, attelles tirages à pointes, aux prix désignés ci-dessous.

Méplate, boucles à talon, cuivre.	Méplate, boucles à talon, plaqué argent.	Méplate, boucles à talon, maillechort.	Méplate, boucles doubles, cuivre.	Méplate, boucles doubles, plaqué argent.	Méplate, boucles doubles, maillechort.
25 »	35 »	41 »	35 »	45 »	51 »

Garniture méplate, attelles tirages demi-larges, aux prix désignés ci-dessous.

Méplate, boucles à talon, cuivre.	Méplate, boucles à talon, plaqué argent.	Méplate, boucles à talon, maillechort.	Méplate, boucles doubles, cuivre.	Méplate, boucles doubles, plaqué argent.	Méplate, boucles doubles, maillechort.
29 »	39 »	45 »	39 »	49 »	55 »

Garniture méplate, attelles tirages larges, aux prix désignés ci-dessous.

Méplate, boucles à talon, cuivre.	Méplate, boucles à talon, plaqué argent.	Méplate, boucles à talon, maillechort.	Méplate, boucles doubles, cuivre.	Méplate, boucles doubles, plaqué argent.	Méplate, boucles doubles, maillechort.
31 »	41 »	48 »	41 »	51 »	58 »

Garniture à ruban rond ou ovale ou à la russe, attelles tirages larges, aux prix désignés ci-dessous.

Ruban, boucles à talon, cuivre.	Ruban, boucles à talon, plaqué argent	Ruban, boucles à talon, maillechort.	Ruban, boucles doubles, cuivre.	Ruban, boucles doubles, plaqué argent.	Ruban, boucles doubles, maillechort.
40 »	60 »	61 »	50 »	70 »	73 »

Garniture à ruban, à boules, attelles tirages larges, aux prix désignés ci-dessous.

Ruban, à boules, boucles à talon, cuivre.	Ruban, à boules, boucles à talon, plaqué argent.	Ruban, à boules, boucles à talon, maillechort.	Ruban, à boules, boucles doubles, cuivre.	Ruban, à boules, boucles doubles, plaqué argent.	Ruban, à boules, boucles doubles, maillechort.
45 »	65 »	65 »	55 »	75 »	76 »

Garniture à dos d'âne ou à biseaux, attelles tirages larges, aux prix désignés ci-dessous.

Dos d'âne, boucles à talon, cuivre.	Dos d'âne, boucles à talon, plaqué argent.	Dos d'âne, boucles à talon, maillechort.	Dos d'âne, boucles doubles, cuivre.	Dos d'âne, boucles doubles, plaqué argent.	Dos d'âne, boucles doubles, maillechort.
50 »	70 »	70 »	60 »	80 »	80 »

Garniture cabriolet toute enveloppée, attelles tirages enveloppées, au prix désigné ci-après. 55 »

Garniture cabriolet en bronze aluminium imitant l'or, suivant la forme de la garniture comme ci-après, aux prix désignés ci-dessous.

Bronze aluminium, jonc, grandes bagues, boucles à talon.	Bronze aluminium, ruban étroit, boucles à talon.	Bronze aluminium, ruban large, boucles à talon.
90 »	95 »	105 »

Toute garniture avec attelles à tirages demi-larges, en remplacement d'attelles à tirages larges, en moins par garniture.. 2 »

Toute garniture avec attelles tirages à jour, en remplacement d'attelles tirages larges, supplément par garniture.. 5 »

Toute garniture avec attelles à clavettes, tirages à pointes, supplément................ 1 50

Toute garniture avec attelles à clavettes, tirages larges ou demi-larges, supplément..... 2 50

Toute garniture avec attelles tirages à olives et mains d'olives, supplément........... 6 »

Toutes garnitures avec les attelles plaquées en plein, soit cuivre, plaqué argent ou plaqué maillechort et bronze aluminium massif, se paient en plus suivant la différence, soit à tirages à pointes ou à jour; voir le prix des attelles, page 85.

GARNITURES DE CABRIOLETS

AVEC LES GROSSES PIÈCES

Soit cuivre, plaqué argent et maillechort, qui se composent des attelles, garnitures de sellettes, panurges, porte-brancards, boucles de traits, anneaux de reculements, avec les petites boucles à jonc verni, à talon, désignées comme suit.

Garniture à jonc, attelles tirages à pointes, les grosses pièces cuivre, plaqué argent et maillechort; bouclerie à jonc verni, à talon, aux prix désignés ci-dessous.

Jonc cuivre, bouclerie vernie.	Jonc plaqué argent, bouclerie vernie.	Jonc maillechort, bouclerie vernie.	Jonc cuivre, boucles doubles, bouclerie vernie.	Jonc plaqué argent, boucles doubles, bouclerie vernie.	Jonc maillechort, boucles doubles, bouclerie vernie.
17 50	22 »	28 »	22 »	30 »	34 »

Garniture à jonc, grandes bagues, attelles tirages à pointes, les grosses pièces cuivre, plaqué argent et maillechort; bouclerie à jonc verni, à talon, aux prix désignés ci-dessous.

Jonc, grandes bagues, cuivre, bouclerie vernie.	Jonc plaqué argent, bouclerie vernie.	Jonc maillechort, bouclerie vernie.	Jonc cuivre, boucles doubles, bouclerie vernie.	Jonc plaqué argent, boucles doubles, bouclerie vernie.	Jonc maillechort, boucles doubles, bouclerie vernie.
20 »	28 »	32 »	26 »	36 »	39 »

Garniture à jonc, grandes bagues, attelles tirages demi-larges, les grosses pièces cuivre, plaqué argent et maillechort; bouclerie à jonc verni, à talon, aux prix désignés ci-dessous.

Jonc, grandes bagues, cuivre, bouclerie vernie.	Jonc plaqué argent, bouclerie vernie.	Jonc maillechort, bouclerie vernie.	Jonc cuivre, boucles doubles, bouclerie vernie.	Jonc plaqué argent, boucles doubles, bouclerie vernie.	Jonc maillechort, boucles doubles, bouclerie vernie.
24 »	32 »	36 »	30 »	40 »	44 »

Garniture à jonc, grandes bagues, attelles tirages larges, les grosses pièces cuivre, plaqué argent et maillechort; bouclerie à jonc verni, à talon, aux prix désignés ci-dessous.

Jonc, grandes bagues, cuivre, bouclerie vernie.	Jonc plaqué argent, bouclerie vernie.	Jonc maillechort, bouclerie vernie.	Jonc cuivre, boucles doubles, bouclerie vernie.	Jonc plaqué argent, boucles doubles, bouclerie vernie.	Jonc maillechort, boucles doubles, bouclerie vernie.
26 »	34 »	38 »	32 »	42 »	46 »

Garniture méplate, attelles tirages à pointes, les grosses pièces cuivre, plaqué argent et maillechort; bouclerie à jonc verni, à talon, aux prix désignés ci-dessous.

Méplate, cuivre, bouclerie vernie.	Méplate, plaqué argent, bouclerie vernie.	Méplate, maillechort, bouclerie vernie.	Méplate, cuivre, boucles doubles, bouclerie vernie.	Méplate, plaq. argent, boucles doubles, bouclerie vernie.	Méplate, maillechort, boucles doubles, bouclerie vernie.
22 »	29 »	34 »	29 »	39 »	43 »

Garniture méplate, attelles tirages demi-larges, les grosses pièces cuivre, plaqué argent et maillechort; bouclerie à jonc verni, à talon, aux prix désignés ci-dessous.

Méplate, cuivre, bouclerie vernie.	Méplate, plaqué argent, bouclerie vernie.	Méplate, maillechort, bouclerie vernie.	Méplate, cuivre, boucles doubles, bouclerie vernie.	Méplate, plaq. argent, boucles doubles, bouclerie vernie.	Méplate, maillechort, boucles doubles, bouclerie vernie.
26 »	33 »	37 »	33 »	43 »	47 »

Garniture méplate, attelles tirages larges, les grosses pièces cuivre, plaqué argent et maillechort; bouclerie à jonc verni, à talon, aux prix désignés ci-dessous.

Méplate, cuivre, bouclerie vernie.	Méplate, plaqué argent, bouclerie vernie.	Méplate, maillechort, bouclerie vernie.	Méplate, cuivre, boucles doubles, bouclerie vernie.	Méplate, plaq. argent, boucles doubles, bouclerie vernie.	Méplate, maillechort, boucles doubles, bouclerie vernie.
28 »	35 »	39 »	35 »	45 »	49 »

Garniture à ruban ou à la russe, attelles tirages larges, les grosses pièces cuivre, plaqué argent et maillechort; bouclerie à jonc verni, à talon, aux prix désignés ci-dessous.

Ruban, cuivre, bouclerie vernie.	Ruban, plaqué argent, bouclerie vernie.	Ruban, maillechort, bouclerie vernie.	Ruban, cuivre, boucles doubles, bouclerie vernie.	Ruban, plaq. argent, boucles doubles, bouclerie vernie.	Ruban, maillechort, boucles doubles, bouclerie vernie.
35 »	50 »	52 »	40 »	55 »	57 »

Garniture à ruban, à boules, attelles tirages larges, les grosses pièces cuivre, plaqué argent, maillechort; bouclerie à jonc verni, à talon, aux prix désignés ci-dessous.

Ruban, à boules, cuivre, bouclerie vernie.	Ruban, plaqué argent, bouclerie vernie.	Ruban, maillechort, bouclerie vernie.	Ruban, cuivre, boucles doubles, bouclerie vernie.	Ruban, plaq. argent, boucles doubles, bouclerie vernie.	Ruban, maillechort, boucles doubles, bouclerie vernie.
40 »	55 »	57 »	45 »	60 »	62 »

Garniture à dos d'âne, attelles tirages larges, les grosses pièces cuivre, plaqué argent et maillechort; bouclerie à jonc verni, à talon, aux prix désignés ci-dessous.

Dos d'âne, cuivre, bouclerie vernie.	Dos d'âne, plaqué argent, bouclerie vernie.	Dos d'âne, maillechort, bouclerie vernie.	Dos d'âne, cuivre, boucles doubles, bouclerie vernie.	Dos d'âne, plaq. argt, boucles doubles, bouclerie vernie.	Dos d'âne, maillecht, boucles doubles, bouclerie vernie.
45 »	60 »	60 »	50 »	65 »	65 »

Garniture en bronze aluminium imitant l'or, attelles à distances; bouclerie à jonc verni, à talon, aux prix désignés ci-dessous.

Jonc, grandes bagues, bronze aluminium, bouclerie à talon, vernie.	Ruban étroit, bronze aluminium, bouclerie à talon, vernie.	Ruban large, bronze aluminium, bouclerie à talon, vernie.
70 »	75 »	85 »

OBSERVATIONS

Toute garniture, sans exception, les grosses pièces, soit cuivre, plaqué argent, maillechort ou bronze aluminium, avec la bouclerie faux piqué, en remplacement des petites boucles à jonc verni, à talon, supplément par garniture .... 2 »

Toute garniture, sans exception, les grosses pièces, soit cuivre, plaqué argent, maillechort ou bronze aluminium, avec la bouclerie toute enveloppée, en remplacement des petites boucles à jonc verni, à talon, supplément par garniture........................ 8 »

GARNITURES DE HARNAIS DE TIMON

EN TOUS GENRES

COMPOSITION DE LA GARNITURE DE TIMON

2 paires attelles.	2 paires panurges.	40 boucles lyre 9 lignes.	4 boucl. ss-ventrières 12 lig.
1 paire coults av. anneaux.	2 paires boucl. à crampons.	8 boucles lyre 10 lignes.	4 boucl. ss-ventrières 14 lig.
2 paires clefs de mantelets.	1 paire boucles chaînettes.	8 boucles lyre 12 lignes.	2 boucles à rouleaux 8 lig.
1 pre crochets de mantelts.	2 paires dés de traits.	4 anneaux 8 lignes.	2 boucles à rouleaux 12 lig.
2 paires chapes à écrous.	12 dés de barres 9 lignes.	4 anneaux 9 lignes.	12 clous.
1 paire chapes à croupières.	2 boucles lyre 7 lignes.	2 anneaux 12 lignes.	2 paires tôles d'œillères.

PRIX DES GARNITURES DE TIMON

Garniture à jonc, attelles tirages à pointes, aux prix désignés ci-dessous.

Jonc, boucles à lyre, vernies ou étamées.	Jonc, boucles à talon, verni.	Jonc, boucles à lyre, cuivre.	Jonc, boucles à lyre, plaqué argent.	Jonc, boucles à lyre, maillechort.	Jonc, boucl. doubles, cuivre.	Jonc, boucl. doubles, plaqué argent.	Jonc, boucl. doubles, maillechort.
20 »	22 »	45 »	55 »	67 »	60 »	80 »	100 »

Garniture à jonc, grandes bagues, attelles tirages à pointes, aux prix désignés ci-dessous.

Jonc, grdes bagues, boucles à talon, verni.	Jonc, grdes bagues, boucles à talon, cuivre.	Jonc, grdes bagues, boucles à talon, plaqué argent.	Jonc, grdes bagues, boucles à talon, maillechort.	Jonc, grdes bagues, boucles doubles, cuivre.	Jonc, grdes bagues, boucles doubles, plaqué argent.	Jonc, grdes bagues, boucles doubles, maillechort.
25 »	55 »	70 »	90 »	70 »	95 »	115 »

Garniture à jonc, grandes bagues, attelles demi-larges, aux prix désignés ci-dessous.

Garniture faux piqué verni.	Jonc, gr^des bagues, boucles à talon, cuivre.	Jonc, gr^des bagues, boucles à talon, plaqué argent.	Jonc, gr^des bagues, boucles à talon, maillechort.	Jonc, gr^des bagues, boucles doubles, cuivre.	Jonc, gr^des bagues, boucles doubles, plaqué argent.	Jonc, gr^des bagues, boucles doubles, maillechort.
35 »	60 »	80 »	80 »	90 »	105 »	117 »

Garniture à jonc, grandes bagues, attelles tirages larges, aux prix désignés ci-dessous.

Jonc, grandes bagues, boucles à talon, cuivre.	Jonc, grandes bagues, boucles à talon, plaqué argent.	Jonc, grandes bagues, boucles à talon, maillechort.	Jonc, grandes bagues, boucles doubles, cuivre.	Jonc, grandes bagues, boucles doubles, plaqué argent.	Jonc, grandes bagues, boucles doubles, maillechort.
65 »	85 »	85 »	95 »	110 »	122 »

Garniture méplate, attelles tirages à pointes, aux prix désignés ci-dessous.

Méplate, boucles à talon, cuivre.	Méplate, boucles à talon, plaqué argent.	Méplate, boucles à talon, maillechort.	Méplate, boucles doubles, cuivre	Méplate, boucles doubles, plaqué argent.	Méplate, boucles doubles, maillechort.
60 »	80 »	80 »	100 »	105 »	130 »

Garniture méplate, attelles tirages demi-larges, aux prix désignés ci-dessous.

Méplate, boucles à talon, cuivre.	Méplate, boucles à talon, plaqué argent.	Méplate, boucles à talon, maillechort.	Méplate, boucles doubles, cuivre.	Méplate, boucles doubles, plaqué argent.	Méplate, boucles doubles, maillechort.
65 »	85 »	85 »	105 »	110 »	135 »

Garniture méplate, attelles tirages larges, aux prix désignés ci-dessous.

Méplate, boucles à talon, cuivre.	Méplate, boucles à talon, plaqué argent.	Méplate, boucles à talon, maillechort.	Méplate, boucles doubles, cuivre.	Méplate, boucles doubles, plaqué argent.	Méplate, boucles doubles, maillechort.
70 »	90 »	90 »	110 »	115 »	140 »

Garniture à ruban rond ou ovale ou à la russe, attelles tirages larges, aux prix désignés ci-dessous.

Ruban, boucles à talon, cuivre.	Ruban, boucles à talon, plaqué argent.	Ruban, boucles à talon, maillechort.	Ruban, boucles doubles, cuivre.	Ruban, boucles doubles, plaqué argent.	Ruban, boucles doubles, maillechort.
90 »	140 »	152 »	110 »	170 »	182 »

Garniture à ruban, à boules, attelles tirages larges, aux prix désignés ci-dessous.

Ruban, à boules, boucles à talon, cuivre.	Ruban, à boules, boucles à talon, plaqué argent.	Ruban, à boules, boucles à talon, maillechort.	Ruban, à boules, boucles doubles, cuivre.	Ruban, à boules, boucles doubles, plaqué argent.	Ruban, à boules, boucles doubles, maillechort.
95 »	145 »	157 »	115 »	175 »	187 »

Garniture à dos d'âne ou à biseaux, attelles tirages larges, aux prix désignés ci-dessous.

Dos d'âne, boucles à talon, cuivre.	Dos d'âne, boucles à talon, plaqué argent.	Dos d'âne, boucles à talon, maillechort.	Dos d'âne, boucles doubles, cuivre.	Dos d'âne, boucles doubles, plaqué argent.	Dos d'âne, boucles doubles, maillechort
105 »	155 »	165 »	125 »	185 »	197 »

Garniture toute enveloppée, attelles tirages enveloppés, au prix désigné ci-après........ 110 »

Garniture en bronze aluminium imitant l'or, suivant la forme de la garniture comme ci-après, aux prix désignés ci-dessous.

Bronze aluminium, jonc, grandes bagues, boucles à talon.	Bronze aluminium, ruban étroit, boucles à talon.	Bronze aluminium, ruban large, boucles à talon.
220 »	230 »	260 »

Toute garniture avec attelles demi-larges, en remplacement d'attelles tirages larges, en moins.. 4 »

Toute garniture avec attelles tirages à jour, en remplacement d'attelles tirages larges, supplément.. 10 »

Toute garniture avec attelles tirages à olives et mains d'olives, supplément............ 12 »

Toute garniture avec attelles à clavettes, anneaux de chaînettes, tirages à pointes, supplément.. 8 »

Toute garniture avec attelles à clavettes, anneaux de chaînettes, tirages larges, supplément 10 »

CHAINETTES DE TIMON, ACIER POLI

Chaînettes de timon à boutons polis.................................... la paire. 15 »
Chaînettes de timon à têtes de serpents.................................... — 18 »

GARNITURES DE CARROSSES

AVEC LES GROSSES PIÈCES SEULEMENT

Soit cuivre, plaqué argent, maillechort ou bronze aluminium, qui se composent des attelles, garnitures de mantelets, panurges, boucles à crampons, chaînettes et dés de traits, avec les petites boucles à jonc verni, à talon, désignées comme suit :

Garniture à jonc, attelles tirages à pointes, les grosses pièces cuivre, plaqué argent et maillechort; bouclerie à jonc verni, à talon, aux prix désignés ci-dessous.

Jonc cuivre, bouclerie à talon, vernie.	Jonc plaqué argent, bouclerie à talon, vernie.	Jonc maillechort, bouclerie à talon, vernie.	Jonc cuivre, bouc.doub., bouclerie à talon, vernie.	Jonc plaqué argent, bouc.doub., bouclerie à talon, vernie.	Jonc maillechort, bouc.doub., bouclerie à talon, vernie.
38 »	48 »	59 »	48 »	60 »	67 »

Garniture à jonc, grandes bagues, attelles tirages à pointes, les grosses pièces cuivre, plaqué argent et maillechort; bouclerie à jonc verni, à talon, aux prix désignés ci-dessous.

Jonc, grandes bagues, cuivre, bouclerie à talon, vernie.	Jonc plaqué argent, bouclerie à talon, vernie.	Jonc maillechort, bouclerie à talon, vernie.	Jonc cuivre, bouc.doub., bouclerie à talon, vernie.	Jonc plaqué argent, bouc.doub., bouclerie à talon, vernie.	Jonc maillechort, bouc.doub., bouclerie à talon, vernie.
46 »	60 »	69 »	60 »	75 »	80 »

Garniture à jonc, grandes bagues, attelles tirages demi-larges, les grosses pièces cuivre, plaqué argent et maillechort; bouclerie à jonc verni, à talon, aux prix désignés ci-dessous.

Jonc, grandes bagues, cuivre, bouclerie à talon, vernie.	Jonc plaqué argent, bouclerie à talon, vernie.	Jonc maillechort, bouclerie à talon, vernie.	Jonc cuivre, bouc.doub., bouclerie à talon, vernie.	Jonc plaqué argent, bouc.doub., bouclerie à talon, vernie.	Jonc maillechort, bouc.doub., bouclerie à talon, vernie.
54 »	68 »	77 »	68 »	83 »	88 »

Garniture à jonc, grandes bagues, attelles tirages larges, les grosses pièces cuivre, plaqué argent et maillechort; bouclerie à jonc verni, à talon, aux prix désignés ci-dessous.

Jonc, grandes bagues, cuivre, bouclerie à talon, vernie.	Jonc plaqué argent, bouclerie à talon, vernie.	Jonc maillechort, bouclerie à talon, vernie.	Jonc cuivre, bouc.doub., bouclerie à talon, vernie.	Jonc plaqué argent, bouc.doub., bouclerie à talon, vernie.	Jonc maillechort, bouc.doub., bouclerie à talon, vernie
58 »	72 »	81 »	72 »	87 »	92 »

Garniture méplate, attelles tirages à pointes, les grosses pièces cuivre, plaqué argent et maillechort; bouclerie à jonc verni, à talon, aux prix désignés ci-dessous.

Méplate, cuivre, bouclerie vernie.	Méplate, plaqué argent, bouclerie vernie.	Méplate, maillechort. bouclerie vernie.	Méplate, cuivre, boucles doubles, bouclerie vernie.	Méplate, plaq.argent, boucles doubles, bouclerie vernie.	Méplate, maillechort, boucles doubles, bouclerie vernie.
48 »	65 »	75 »	60 »	85 »	90 »

Garniture méplate, attelles tirages demi-larges, les grosses pièces cuivre, plaqué argent et maillechort; bouclerie à jonc verni, à talon, aux prix désignés ci-dessous.

Méplate, cuivre, bouclerie vernie.	Méplate, plaqué argent, bouclerie vernie	Méplate, maillechort, bouclerie vernie.	Méplate, cuivre, boucles doubles. bouclerie vernie.	Méplate, plaq.argent, boucles doubles, bouclerie vernie.	Méplate, maillechort, boucles doubles, bouclerie vernie.
56 »	73 »	81 »	68 »	93 »	107 »

Garniture méplate, attelles tirages larges, les grosses pièces cuivre, plaqué argent et maillechort; bouclerie à jonc verni, à talon, aux prix désignés ci-dessous.

Méplate, cuivre, bouclerie vernie.	Méplate, plaqué argent, bouclerie vernie.	Méplate, maillechort, bouclerie vernie.	Méplate, cuivre, boucles doubles, bouclerie vernie.	Méplate, plaq.argent, boucles doubles, bouclerie vernie.	Méplate, maillechort, boucles doubles, bouclerie vernie.
60 »	77 »	89 »	72 »	97 »	115 »

Garniture à ruban ou à la russe, attelles tirages larges, les grosses pièces cuivre, plaqué argent et maillechort; bouclerie à jonc verni, à talon, aux prix désignés ci-dessous.

Ruban, cuivre, bouclerie vernie.	Ruban, plaqué argent, bouclerie vernie.	Ruban, maillechort, bouclerie vernie.	Ruban, cuivre, boucles doubles, bouclerie vernie.	Ruban, plaq. argent, boucles doubles, bouclerie vernie.	Ruban, maillechort, boucles doubles, bouclerie vernie.
75 »	110 »	112 »	90 »	130 »	132 »

Garniture à ruban, à boules, attelles tirages larges, les grosses pièces cuivre, plaqué argent et maillechort; bouclerie à jonc verni, à talon, aux prix désignés ci-dessous.

Ruban, à boules, cuivre, bouclerie vernie.	Ruban, plaqué argent, bouclerie vernie.	Ruban, maillechort, bouclerie vernie.	Ruban, cuivre, boucles doubles, bouclerie vernie.	Ruban, plaq. argent, boucles doubles, bouclerie vernie.	Ruban, maillechort, boucles doubles, bouclerie vernie.
80 »	115 »	112 »	95 »	135 »	130 »

Garniture à dos d'âne, attelles tirages larges, les grosses pièces cuivre, plaqué argent et maillechort; bouclerie à jonc verni, à talon, aux prix désignés ci-dessous.

Dos d'âne, cuivre, bouclerie vernie	Dos d'âne, plaqué argent, bouclerie vernie.	Dos d'âne, maillechort, bouclerie vernie.	Dos d'âne, cuivre, boucles doubles, bouclerie vernie.	Dos d'âne, plaq. argt, boucles doubles, bouclerie vernie.	Dos d'âne, maillecht, boucles doubles, bouclerie vernie.
85 »	125 »	120 »	105 »	145 »	140 »

Garniture en bronze aluminium imitant l'or, attelles à distances; bouclerie à jonc verni, à talon, aux prix désignés ci-dessous.

Jonc, grandes bagues, bronze aluminium, bouclerie à talon, vernie.	bouclerie à talon, vernie. Ruban étroit, bronze aluminium,	Ruban large, bronze aluminium, bouclerie à talon, vernie.
160 »	170 »	200 »

OBSERVATIONS

Toute garniture, sans exception, les grosses pièces, soit cuivre, plaqué argent, maillechort ou bronze aluminium, avec la bouclerie faux piqué, en remplacement des petites boucles à jonc verni, à talon, supplément par garniture........ 7 »

Toute garniture, sans exception, les grosses pièces, soit cuivre, plaqué argent, maillechort ou bronze aluminium, avec la bouclerie toute enveloppée, en remplacement des petites boucles à jonc verni, à talon, supplément par garniture........ 25 »

ATTELLES EN TOUS GENRES

Attelles aux prix désignés comme suit :

Nos 1. Attelles tirages à pointes, à jonc verni ou étamées........ la douz. de paires. 21 »
2. Attelles tirages à crochets, à jonc verni ou étamées........ — — 30 »
3. Attelles demi-renforcées, tirages à crochets, à jonc verni ou étamées. — — 37 »
4. Attelles à clavettes, à trous de boulons, tirages à pointes ou à crochets, vernies ou étamées........ — — 40 »
5. Attelles demi-renforcées, à clavettes à trous de boulons, tirages à crochets, vernies ou étamées........ — — 50 »
6. Attelles renforcées, à clavettes à trous de boulons, tirages à crochets, vernies ou étamées, la paire........ 5 »
7. Attelles renforcées, à clavettes à trous de boulons, tirages à pointes avec anneaux de chaînettes, la paire........ 6 à 8 »
8. Attelles tirages à pointes, les bouts épaulés, à jonc, grandes bagues vernies, la paire. 3 75
9. Attelles épaulées, faux piqué verni, la paire........ 4 50
10. Attelles tirages à pointes, avec olives et mains d'olives, à jonc verni, la paire. 7 à 10 »
11. Attelles tirages à pointes vernies, anneaux à jonc, cuivre, la paire........ 4 »

ATTELLES PLAQUÉES A DISTANCES

	Cuivre.	Argent.	Maillech.
Nos 12. Attelles tirages à pointes à jonc ordinaire	5 25	6 50	6 50
13. Attelles tirages à pointes, à jonc, grandes bagues	6 50	8 »	10 50
14. Attelles tirages demi-larges, à jonc, grandes bagues	9 »	12 »	13 50
». Attelles tirages larges, à jonc, grandes bagues	10 50	13 »	16 »
15. Attelles tirages à pointes, méplates	6 75	8 25	10 »
16. Attelles tirages demi-larges, méplates	9 25	12 50	13 50
17. Attelles tirages larges, méplates	10 75	13 50	16 50
18. Attelles tirages larges, à ruban	11 50	16 »	17 »
19. Attelles tirages larges, à ruban, à boules	11 75	17 »	17 »
20. Attelles tirages larges, à dos d'âne ou à biseaux	12 »	18 »	18 »
21. Attelles tirages à jour, à jonc, grandes bagues	15 »	18 »	18 »
22. Attelles tirages à jour, méplates	15 50	18 50	18 50
23. Attelles tirages à jour, à ruban	16 »	20 »	20 »
24. Attelles tirages à jour, à ruban, à boules	16 50	21 »	21 »
25. Attelles tirages à jour, à dos d'âne ou à biseaux	17 »	22 »	22 »

26. Attelles tirages courts, à olives et mains d'olives, polies, forge de Paris; supplément sur toutes les attelles à tirages larges et demi-larges 4 50

ATTELLES PLAQUÉES EN PLEIN

		Cuivre.	Argent.	Maillech.
27. Attelles tirages à pointes, à jonc, grandes bagues	la paire.	15 »	19 »	21 »
28. Attelles tirages demi-larges, à jonc, grandes bagues	—	18 »	23 »	27 »
29. Attelles tirages larges, à jonc, grandes bagues	—	19 »	24 »	29 »
30. Attelles tirages à pointes, anneaux méplats	—	15 50	19 50	21 50
31. Attelles tirages demi-larges, anneaux méplats	—	18 50	23 50	27 50
32. Attelles tirages larges, anneaux méplats	—	19 50	24 50	29 50
33. Attelles tirages larges, à ruban	—	21 »	28 »	32 »
34. Attelles tirages larges, à ruban, à boules	—	22 »	29 »	33 »
35. Attelles tirages larges, à dos d'âne ou à biseaux	—	23 »	30 »	32 »

		Enveloppées.
36. Attelles toutes enveloppées, tirages bouts et bas polis	la paire.	15 »
37. Attelles toutes enveloppées, tirages à olives et mains d'olives	—	19 »

	Jonc, grdes bagues.	Ruban petit.	Ruban large.
38. Attelles tirages pleins, anneaux bronze aluminium, la paire	25 »	27 »	30 »
39. Attelles tirages à jours, anneaux bronze aluminium, la paire	28 »	30 »	33 »

CHAPES D'ATTELLES AVEC LEURS RIVETS

Nos 1. Chapes de cabriolet vernies, la douz. de paires 6 50
2. Chapes de cabriolet polies.. la paire. » 80
3. Chapes de cabriolet plaqué cuivre, la paire 1 25
4. Chapes de cabriolet plaqué argent, la paire 1 40

Nos 5. Chapes de carrosse vernies, la douz. de paires .... 12 »
6. Chapes de carrosse polies, la paire. 1 25
7. Chapes de carrosse plaqué cuivre, la paire 1 75
8. Chapes de carrosse plaqué argent, la paire .... 2 »

Rivets d'attelles, le °/o 1 50

MAINS D'OLIVES

Nos 1. Mains d'olives vernies ou étamées, la paire .... 1 »
2. Mains d'olives polies, la paire 1 25

Nos 3. Mains d'olives plaqué cuivre, la paire. 2 50
4. Mains d'olives plaqué argent, la paire 2 75

COULANTS D'ATTELLES EN TOUS GENRES

Coulants vernis ordinaires, sans anneaux, la douzaine	3 50
Coulants avec anneaux à jonc verni, la dne	4 50
Coulants saucisses, à jonc verni, la douz.	3 50
Coulants avec anneaux faux piqué verni, la douzaine	8 »
Coulants saucisses pour cabriolet, polis, la pièce	» 60

	Cuivre.	Argent.	Maillech.
Coulant à jonc plaqué, la pce	1 20	1 30	1 30
Coulant méplat plaqué, la pce	1 40	1 60	1 60
Coulant à ruban, plaqué, la pièce	2 50	2 75	3 25
Coulant à ruban, à boules, plaqué, la pièce	2 50	2 75	3 40
Coulant à dos d'âne, plaqué, la pièce	3 25	3 50	3 50

Coulant saucisse avec anneaux de chaînettes, polis, pour carrosse	les 4 pièces.	2 50
Coulant saucisse avec anneaux de chaînettes, vernis, pour carrosse	—	1 75

Coulants Poncet vernis, pour cabriolet	2 25
Coulants Poncet vernis, pour carrosse	3 25
Coulants Poncet plaqué, pour cabriolet	6 50
Coulants Poncet plaqué, pour carrosse	8 50

GARNITURES DE SELLETTES EN TOUS GENRES

Composées des clefs, du crochet et quatre clous.

Garniture jonc verni	» 80
Garniture jonc verni, grandes bagues	1 40
Garniture faux piqué verni	1 75

	Cuivre.	Plaqué argent.	Maillech.
Garniture jonc	2 25	4 25	4 55
Garniture jonc, grandes bagues	2 75	5 25	5 75
Garniture méplate	3 »	5 50	5 50
Garniture à ruban	5 »	10 »	10 »
Garniture à ruban, à boules.	5 50	11 »	11 »
Garniture à dos d'âne ou à biseaux	6 »	12 »	12 »
Garniture enveloppées	» »	» »	7 »

	Jonc, gdes bagues	Ruban petit.	Ruban large.
Garniture aluminium	14 »	15 »	16 »

Garniture de sellettes.

	Cuivre.	Argent.	Maillech.
Clefs à pont, jonc	6 »	12 »	12 »
Clefs à pont, jonc, grandes bagues	6 50	13 »	13 »
Clefs à pont, méplates	6 75	13 »	13 »
Clefs à pont, à ruban	8 50	15 50	15 50
Clefs à pont, à dos d'âne	10 »	18 »	18 »
Clefs à pont, jonc verni	4 25	» »	» »
Clefs à pont, faux piqué	5 »	» »	» »

CLEFS DE SELLETTES OU MANTELETS

Jonc verni, la paire	» 50
Jonc verni, la douzaine de paires	5 75
Jonc verni, grandes bagues	1 »
Faux piqué, la paire	1 20

	Cuivre.	Argent.	Maillech.
Jonc, à charnières, la paire.	3 75	8 »	8 »
Jonc, fixes, la paire	1 50	2 75	2 75
Jonc, la douzaine de paires.	17 »	» »	» »
Jonc, grandes bagues, la pre	1 90	3 75	3 75
Enveloppées, la paire	4 50	» »	» »
Méplates, la paire	2 »	3 75	3 75
Méplates, la douz. de paires.	22 50	» »	» »
Ruban, la paire	3 40	7 »	7 »
Ruban, à boules, la paire..	3 90	8 »	8 »
Dos d'âne, la paire	4 »	8 50	8 50

	Vernis.	Cuivre.
Jonc, roulantes, à boules	1 75	2 50
Jonc, roulantes, à boules, renforcées.	» »	2 75

A pont, jonc verni	3 75
A pont, faux piqué	4 »

	Cuivre.	Argent.	Maillech.
A pont, à jonc, la paire	5 25	10 50	10 50
A pont, à jonc, gdes bagues, la paire	5 75	11 50	11 50
Méplates, la paire	6 »	11 50	11 50
Ruban, la paire	7 »	12 50	12 50
Dos d'âne, la paire	8 »	14 50	14 50

CROCHETS DE SELLETTES

Jonc verni, à tiges, la douzaine	2 50
Jonc verni, à tiges, la pièce	» 25
Jonc verni, à vis, la douzaine	4 50
Jonc verni, à vis, la pièce	» 40
Faux piqué verni, à tiges, la douzaine	5 75
Faux piqué verni, à tiges, la pièce	» 50
Faux piqué verni, à vis, la douzaine	6 25
Faux piqué verni, à vis, la pièce	» 55

CROCHETS DE SELLETTES (suite).

	Cuivre.	Argent.	Maillech.
Jonc, à tiges, la douzaine..	8 50	» »	» »
Jonc, à tiges, la pièce.....	» 75	1 50	1 50
Jonc, à vis, la douzaine...	9 50	» »	» »
Jonc, à vis, la pièce.......	» 85	1 50	1 50
Méplats, à tiges, la douz.	11 25	» »	» »
Méplat, à tiges, la pièce..	1 »	1 75	1 75
Méplats, à vis, la douzaine.	11 50	» »	» »

	Cuivre.	Argent.	Maillech.
Méplat, à vis, la pièce....	1 »	1 75	1 75
Ruban, à vis, la pièce.....	1 60	3 »	3 »
Dos d'âne, la pièce........	2 »	3 50	3 50
Enveloppé, la pièce.......	2 50	» »	» »
	Jonc	**Ruban.**	**Ruban large**
Aluminium, la pièce......	3 »	3 25	3 75

CROCHETS DE MANTELETS

Jonc verni, la paire,.................. » 90

Faux piqué verni, la paire.............. 1 75

Omnibus ou poste, vernis, la paire...... 1 75

Omnibus ou poste, cuivre, la paire...... 2 75

	Cuivre.	Argent.	Maillech.
Jonc, la paire............	2 »	4 »	4 »
Jonc, à gorges, la paire...	2 50	5 »	5 »
Méplats, la paire.........	2 25	4 25	4 50
Ruban, la paire..........	3 50	8 50	8 50
Ruban, à boules, la paire..	3 75	9 50	9 50
Dos d'âne, la paire.......	4 »	10 »	10 »
Enveloppés, la paire......	5 50	» »	» »
Aluminium, la paire.....	17 »	18 50	20 »

Toutes les pièces contournées cuivre ou maillechort, par pièce et non par paire, soit faux piqué ou jonc verni ; supplément par pièce.................................. » 65

CLOUS DE SELLETTES ET MANTELETS

Clous, une tige, noirs, jaunes ou blancs, la grosse.......................... 2 50

	Cuivre.	Argent.
Clous, une tige, pleins, la grosse...	7 »	9 »
Clous, deux tiges, pleins, la grosse..	8 »	10 »
Clous, deux tiges, pleins, 5 lignes, la grosse..................	9 »	11 »
Clous, deux tiges, pleins, 7 lignes, la grosse..................	10 »	12 »

Clous, deux tiges, enveloppés, cuir verni, la douzaine...................... » 75

Clous, deux tiges, aluminium, la douzaine. 4 50

	Cuivre.	Argent.
Olives toutes formes, la douzaine..	1 25	1 50
Vis de mantelets de poste, vernies, la douzaine..................	» »	1 20
Vis de mantelets de poste, vernies, la douzaine..................	3 »	4 »

ORNEMENTS

Ornements de muserolles, une pièce de 50 c/. 1 25

Ornements de muserolles de trois pièces, la garniture de 75 c/.............. 1 50

Ornements d'œillères, pièce depuis 30 à 80 c/ » »

Ornements de traits, une pièce, la paire de .... 1 » à 1 75

Ornements de traits, trois pièces, la paire de .... 1 50 à 2 50

CHIFFRES

Lettres capitales ombrées, de 12 lignes, la douzaine...................... 4 50

Lettres capitales, 12 lignes, fondues, la dne 6 »

Lettres capitales, 15 lignes, fondues, la dne 7 »

Lettres capitales, 18 lignes, fondues, la dne 7 50

Lettres capitales, 21 lignes, fondues, la dne 9 »

Chiffre entrelacé, en anglaise, ciselé, la pce 2 50

Chiffre entrelacé, renaissance, ciselé, la pce 2 50

Chiffre entrelacé, gothique, ciselé, la pièce. 2 50

Chiffre entrelacé, avec jarretière, ciselé, la pièce.......................... 3 »

Couronnes de Vicomte, Comte, Marquis, Duc, en ordinaire, la pièce.......... 1 25

Les mêmes, extra-finies, la pièce...... 1 75

PANURGES EN TOUS GENRES

	Prix
Panurges à jonc verni, la douz. de paires.	2 90
Panurges à jonc verni, à gorges, la paire.	» 35
Panurges faux piqué verni, la paire.....	1 »

	Cuivre.	Argent.	Maillech.
Panurges à jonc, la paire..	» 70	1 75	1 50
Panurges à jonc, à gorges, la paire	» 90	2 75	2 25
Panurges méplates, la paire.	1 »	2 50	2 »
Panurges à ruban, la paire.	1 75	5 »	4 »
Panurges à ruban, à boules, la paire..............	2 »	5 »	4 25
Panurges à dos d'âne ou à biseaux, la paire.......	2 50	6 50	5 »
Panurges enveloppées, la p^re	3 »	» »	» »

	Jonc, g^des bagues	Ruban petit.	Ruban large.
Panurges en bronze aluminium, la paire.........	5 50	6 »	8 »

	Prix
Crochets de panurges avec dés jonc verni, la paire..........................	» 75
Crochets de panurges avec dés faux piqué, la paire	1 50

	Cuivre.	Argent.
Crochets de panurges avec dés jonc, la paire......................	1 »	2 25
Crochets de panurges avec dés méplats, la paire................	1 25	3 »
Crochets de panurges avec dés à ruban, la paire................	2 25	5 50
Crochets de panurges avec dés à ruban, à boules, la paire........	2 50	6 50
Crochets de panurges avec dés à dos d'âne, la paire...............	2 75	7 »
Crochets de panurges avec dés, enveloppés, la paire...............	3 »	» »

	Ruban.
Crochets de panurges avec dés, bronze alumin.	5 »

PANURGES ET CROCHETS A L'ANGLAISE

	Cuivre.	Argent.	Maillech.
Panurges à l'anglaise, à jonc, la paire..........	2 50	7 »	6 »
Panurges à l'anglaise, à jonc, à gorges, la paire.	4 »	10 »	8 »
Panurges à l'anglaise, méplates, la paire	5 »	10 »	8 »
Panurges à l'anglaise, à ruban, la paire	6 »	15 »	12 »
Panurges à l'anglaise, à ruban, à boules, la paire.	6 50	16 »	13 »
Panurges à l'anglaise, à dos d'âne, la paire........	7 »	17 »	14 »

PANURGES A CHAINES

	Cuivre.	Argent.
Panurges de rênes, à chaînes, à jonc, la paire................	6 »	10 »
Panurges de rênes, à chaînes, à ruban, la paire................	8 »	12 »
Panurges de rênes, à chaînes, à dos d'âne, la paire................	10 »	14 »
Panurges de rênes et guides, à chaînes, à jonc, la paire.......	13 »	22 »
Panurges de rênes et guides, à chaînes, à ruban, la paire......	16 »	28 »
Panurges de rênes et guides, à chaînes, à dos d'âne, la paire....	20 »	32 »

CHAPES A ÉCROUS DE MANTELETS

	Prix
Jonc verni, la paire....................	» 80
Faux piqué verni, la paire	1 50

	Cuivre.	Argent.	Maillech.
Jonc, la paire............	2 50	2 75	3 75
Méplates, la paire........	2 75	3 »	4 »
Ruban, la paire...........	4 »	4 25	4 »
Dos d'âne, la paire........	5 »	5 25	4 75
Enveloppées, la paire......	4 50	» »	» »

	Jonc, g^des bagues	Ruban petit.	Ruban large.
Aluminium, la paire.......	6 »	7 »	8 »

CHAPES DE CROUPIÈRES

	Prix
Jonc verni, la paire..................	» 30
Faux piqué verni, la paire............	» 50

	Cuivre.	Argent.	Maillech.
Jonc, la paire	1 »	1 10	2 »
Méplates, la paire........	1 10	1 20	2 20
Ruban, la paire...........	1 75	1 90	2 50
Dos d'âne, la paire........	2 25	2 40	3 40
Enveloppées, la paire......	2 25	» »	» »

	Jonc, g^des bagues	Ruban petit.	Ruban large.
Aluminium, la paire.......	3 »	3 25	3 50

PORTE-BRANCARDS

	Prix
Jonc verni, la douzaine de paires	17 »
Jonc verni fort, la douzaine de paires	20 »
Jonc verni, demi-tapissière, la dne de paires	21 »
Jonc verni, tapissière, la dne de paires	27 »
Faux piqué verni, la douzaine de paires	30 »

	Cuivre.	Argent.	Maillech.
Jonc plaqué, boucles simples la paire	4 25	4 75	6 75
Méplats, plaqué, boucles simples, la paire	5 »	5 50	7 50
Ruban, cuivre, boucles simples, la paire	6 »	7 50	9 50
Dos d'âne, boucles simples, la paire	6 50	8 »	10 50
Enveloppés, boucles simples, la paire	12 »	» »	» »

	Jonc.	Ruban.	Large.
Aluminium, la paire	14 »	15 »	16 »

PORTE-BRANCARDS, BOUCLES DOUBLES

	Cuivre.	Argent.	Maillech.
Jonc, boucles doubles, la paire	7 »	8 50	12 »
Méplats, boucles doubles, la paire	7 25	9 »	11 50
Ruban, boucles doubles, la paire	7 75	9 50	11 50
Dos d'âne, boucles doubles, la paire	8 50	10 50	13 50

BOUCLES DE TRAITS SIMPLES

	Prix
Jonc verni, 18 lignes, fortes, la douzaine de paires	3 90
Faux piqué, 18 lignes, fortes, la paire	» 80

	Cuivre.	Argent.	Maillech.
Jonc, boucles simples, la pre	1 40	1 60	2 60
Méplates, boucles simples, la paire	1 75	2 »	3 »
Ruban, boucles simples, la paire	2 25	3 75	4 75
Dos d'âne, boucles simples, la paire	2 75	4 »	5 »
Enveloppées, boucles simples, la paire	3 »	» »	» »

	Jonc.	Ruban.	Large.
Aluminium, boucles simples, la paire	6 50	8 »	10 »

BOUCLES DE TRAITS DOUBLES

	Cuivre.	Argent	Maillech.
Jonc, boucles doubles, la paire	2 75	4 25	5 65
Méplates, boucles doubles, la paire	3 »	4 75	6 »
Ruban, boucles doubles, la paire	3 75	6 »	8 »
Dos d'âne, boucles doubles, la paire	4 50	7 »	8 »

BOUCLES DE TRAITS SIMPLES, A CRAMPONS, POUR CARROSSE

	Prix
Jonc verni, la paire	1 25
Faux piqué verni, la paire	2 »

	Cuivre.	Argent.	Maillech.
Jonc, la paire	3 »	4 »	6 »
Méplates, la paire	3 50	5 »	6 50
Ruban, la paire	5 50	8 »	12 »
Dos d'âne, la paire	6 »	8 50	12 50
Enveloppées, la paire	6 »	» »	» »

	Jonc.	Ruban.	Large.
Aluminium, la paire	14 »	15 »	18 »

BOUCLES DE TRAITS DOUBLES, A CRAMPONS, POUR CARROSSE

	Cuivre.	Argent.	Maillech.
Jonc, la paire	5 »	8 50	13 50
Méplates, la paire	5 50	9 50	13 50
Ruban, la paire	6 50	11 »	16 »
Dos d'âne, la paire	7 50	12 50	15 50

BOUCLES DE CHAINETTES SIMPLES

Jonc verni, la paire....................	1 »
Faux piqué verni, la paire..............	1 50

	Cuivre.	Argent.	Maillech.
Jonc, la paire	2 50	3 25	5 »
Méplates, la paire........	3 »	4 25	5 50
Ruban, la paire..........	4 »	6 50	8 50

	Cuivre.	Argent.	Maillech.
Dos d'âne, la paire.......	4 75	6 75	8 75
Enveloppées, la paire.....	5 »	» »	» »

	Jonc.	Ruban.	Large.
Aluminium, la paire......	9 50	12 »	15 »

BOUCLES DE CHAINETTES DOUBLES

	Cuivre.	Argent.	Maillech.
Jonc, la paire...........	4 »	7 »	9 »
Méplates, la paire........	4 50	8 »	10 »

	Cuivre.	Argent.	Maillech.
Ruban, la paire	5 50	9 50	11 50
Dos d'âne, la paire.......	6 »	11 »	12 »

DES DE TRAITS

Jonc verni, la paire..................	» 50
Faux piqué verni, la paire.............	» 75

	Cuivre.	Argent.	Maillech.
Jonc, la paire............	1 »	1 25	1 75
Méplats, la paire.........	1 50	1 75	2 75
Ruban, la paire	2 »	3 »	4 »

	Cuivre.	Argent.	Maillech.
Dos d'âne, la paire........	2 25	3 50	4 »
Enveloppés, la paire.......	2 50	» »	» »

	Jonc.	Ruban.	Large.
Aluminium, la paire.......	4 50	6 »	6 50

BOUCLES DOUBLES, A CRAMPONS, POUR RECULEMENTS A LA RUSSE

Jonc verni, la paire....................	1 50
Faux piqué verni, la paire.............	2 25

	Cuivre.	Argent.	Maillech.
Jonc, la paire............	2 »	4 50	5 »
Méplates, la paire........	2 75	5 »	5 50
Ruban, la paire..........	3 50	6 »	6 50

	Cuivre.	Argent.	Maillech.
Dos d'âne, la paire.......	4 »	7 »	7 »
Enveloppées, la paire.....	7 50	» »	» »

	Jonc.	Ruban.	Large.
Aluminium, la paire......	8 »	9 »	10 »

ANNEAUX A DEUX PATTES POUR RECULEMENTS A LA FERMIÈRE

Anneaux à jonc verni, la paire..........	1 »
Anneaux faux piqué verni, la paire......	1 25
Jonc, cuivre, 30 lignes, la paire........	4 »

	Cuivre.	Argent.	Maillech.
Anneaux à jonc, 18 lignes, la paire...............	1 90	2 25	2 75

	Cuivre.	Argent.	Maillech.
Anneaux méplats, la paire..	2 10	2 50	3 75
Anneaux à ruban, la paire..	2 25	3 »	4 »
Anneaux à dos d'âne, la paire..................	2 50	3 50	4 50
Anneaux enveloppés, la pre.	2 50	» »	» »

ANNEAUX A PASSES POUR RECULEMENTS A LA RUSSE

Jonc verni, la paire....................	2 50
Faux piqué verni, la paire.............	3 25

	Cuivre.	Argent.	Maillech.
Jonc, la paire	3 50	3 75	5 75
Méplats, la paire.........	3 75	4 »	6 50

	Cuivre.	Argent.	Maillech.
Ruban, la paire...........	4 »	4 50	7 50
Dos d'âne, la paire........	5 »	5 50	9 50
Enveloppés, la paire.......	8 »	» »	» »

BOUCLES SIMPLES DE PLATES-LONGES

Jonc verni, la paire	» 30		
Faux piqué verni, la paire	» 60		
	Cuivre.	Argent.	Maillech.
Jonc, la paire	1 20	1 75	2 25
Méplates, la paire	1 40	2 »	2 50
Ruban, la paire	1 75	2 50	3 25

	Cuivre.	Argent.	Maillech.
Dos d'âne, la paire	2 »	3 »	3 25
Enveloppées, la paire	2 »	» »	» »
	Jonc.	Ruban.	Large.
Aluminium, la paire	4 50	4 75	5 »

BOUCLES DOUBLES DE PLATES-LONGES

	Cuivre.	Argent.	Maillech.
Jonc, la paire	2 »	2 75	3 75
Méplates, la paire	2 25	3 »	4 »
Ruban, la paire	2 50	3 50	4 »
Dos d'âne, la paire	2 75	4 50	5 »

BOUCLES SOUS-VENTRIERES SIMPLES

Boucles sous-ventrières cuivre, **12** **14** lignes.

La douz. 4 » 4 50

Boucles sous-ventrières, faux piqué, **12** à **14** lignes.

La douzaine 2 40

Boucles sous-ventrières, jonc verni, **10, 12, 13** et **14** lignes.

La douzaine 1 20
Le 100 8 50

BOUCLES SOUS-VENTRIÈRES DOUBLES, A BARRES

Boucles sous-ventrières, jonc verni, **12** à **14** lignes.

La douzaine 2 40
50 ou 100 18 »

Boucles sous-ventrières, faux piqué verni, **12** à **14** lignes.

La douzaine 4 50

Boucles sous-ventrières doubles, à deux ardillons,

Jonc verni **14** lignes.
La douzaine 12 »

Boucles sous-ventrières doubles, cuivre, **12** **14** lignes.

La douzaine 6 » 7 50

BOUCLES DE COURROIES D'ATTELLES

Boucles jonc verni, à talon, la douzaine. » 75
Boucles faux piqué, à talon, la douzaine. 1 »
Boucles jonc cuivre, **8** lignes, la douzaine. 2 50

BOUCLES EN TOUS GENRES

Boucles lyre, à jonc verni ou étamées, désignées par lignes.

	6, 7, 8	**9**	**10**	**11**	**12**	**13**	**14**	**15**	**16** lignes.
La douz.	» 30	» 35	» 40	» 45	» 50	» 60	» 65	» 70	» 75
La grosse.	3 »	3 50	4 »	4 50	5 25	6 »	6 75	7 50	8 25

Boucles lyre, à talon, à jonc verni.

	7	**8**	**9**	**10**	**11**	**12**	**13**	**14**	**15**	**16** lignes.
La douz.	» 35	» 40	» 45	» 55	» 60	» 65	» 70	» 75	» 80	» 85
La grosse.	3 50	4 »	4 50	5 25	6 »	6 75	7 50	8 25	9 »	9 75

Boucles lyre, à talon, faux piqué verni.

	7	**8**	**9**	**10**	**11**	**12**	**13**	**14** lignes.
La douz.	» 75	» 80	» 90	1 »	1 10	1 20	1 50	1 90
La grosse.	8 »	8 75	9 50	10 50	11 50	12 50	16 »	21 »

Boucles lyre, à jonc cuivre, fortes.

	7	8	9	10	11	12	13	14	15	16 lignes.
La douz.	1 10	1 25	1 40	1 75	2 25	2 50	2 75	3 »	3 25	3 75
La grse.	12 50	14 »	16 »	20 »	24 »	27 »	31 »	34 »	38 »	42 »

Boucles lyre, à talon, à jonc cuivre, fortes.

	7	8	9	10	11	12 lignes.
La douz.	1 50	1 75	2 »	2 50	2 75	3 »
La grosse.	17 »	20 »	23 »	27 »	30 »	34 »

Boucles lyre, à jonc plaqué argent.

	7	8	9	10	11	12 lignes.
La douz.	1 30	1 50	1 60	1 75	2 »	2 25

Boucles lyre, à talon, plaqué argent.

	7	8	9	10	11	12 lignes.
La douz.	2 »	2 25	2 50	3 »	3 25	3 50

Boucles lyre, à talon, méplates, cuivre.

	7	8	9	10	11	12	13	14 lignes.
La douz.	2 »	2 25	2 50	2 75	3 »	3 40	4 »	4 50

Boucles lyre, à talon, méplates, plaqué argent.

	7	8	9	10	11	12 lignes.
La douz.	2 25	2 50	2 75	3 25	3 50	3 75

Boucles lyre, à talon, à ruban, cuivre.

	7	8	9	10	11	12 lignes.
La douz.	2 25	2 50	3 »	3 25	3 75	4 »

Boucles lyre, à talon, à ruban, plaqué argent.

	7	8	9	10	11	12 lignes.
La douz.	4 50	4 75	5 »	5 50	6 »	6 75

Boucles lyre, à talon, à dos d'âne, cuivre.

	7	8	9	10	11	12 lignes.
La douz.	2 50	3 »	3 50	4 »	4 50	5 »

Boucles lyre, à talon, à dos d'âne, plaqué argent.

	7	8	9	10	11	12 lignes.
La douz.	4 75	5 »	5 25	5 75	6 25	7 »

Boucles lyre, à talon, enveloppées, cuir verni, ardillons plaqué cuivre ou argent.

	7	8	9	10	11	12	13	14 lignes.
La douz.	3 »	3 »	3 »	3 »	3 »	3 »	9 »	9 »

Boucles lyre, à talon, en bronze aluminium, à jonc.

	7	8	9	10	11	12 lignes.
La douz.	10 »	11 »	12 »	13 »	15 »	17 »

Boucles lyre, à talon, en bronze aluminium, à ruban.

	7	8	9	10	11	12 lignes.
La douz.	11 »	12 »	13 »	14 »	16 »	18 »

Boucles doubles, à jonc, cuivre.

	7	8	9	10	11	12 lignes.
La douz.	3 »	3 25	3 75	4 »	4 50	5 »

Boucles doubles, à jonc, plaqué argent.

	7	8	9	10	11	12 lignes.
La douz.	4 »	4 50	5 50	6 »	7 »	8 50

Boucles doubles méplates, cuivre.

	7	8	9	10	11	12 lignes.
La douz.	3 25	3 50	4 »	4 50	5 »	5 50

Boucles doubles méplates, plaqué argent.

	7	8	9	10	11	12 lignes.
La douz.	4 25	4 75	5 50	6 75	8 »	9 »

Boucles doublés, à ruban, cuivre.

	7	8	9	10	11	12 lignes.
La douz.	3 75	4 25	4 75	5 25	5 75	6 50

Boucles doubles, à ruban, plaqué argent.

	7	8	9	10	11	12 lignes.
La douz.	5 50	6 25	7 25	8 »	9 50	11 »

Boucles doubles, à dos d'âne, cuivre.

	7	8	9	10	11	12 lignes.
La douz.	4 25	4 50	5 »	5 50	6 25	7 »

Boucles doubles, à dos d'âne, plaqué argent.

	7	8	9	10	11	12 lignes.
La douz.	6 »	6 50	7 75	9 »	10 50	12 »

OBSERVATIONS

Toutes les boucles lyre et boucles doubles en maillechort se paient le double de prix des mêmes boucles en cuivre.

Tous les anneaux maillechort se paient le double des mêmes anneaux en cuivre.

ANNEAUX EN TOUS GENRES

Anneaux, à jonc verni ou étamés, ronds ou demi-ronds.

	7	8	9	10	11	12	13	14	15 lignes.
La douz.	» 30	» 30	» 30	» 35	» 40	» 45	» 50	» 55	» 60
50 ou 100.	2 »	2 »	2 25	2 50	2 75	3 »	3 50	4 »	4 50

	16	17	18	19	20	21	22	24 lignes.
La douz.	» 70	» 75	» 80	» 90	1 »	1 10	1 20	1 30
50 ou 100.	5 »	5 50	6 »	6 50	7 50	8 »	8 50	9 50

Anneaux, faux piqué verni.

	8 et 9	10	11	12	16	18 lignes.
La douz.	» 75	» 80	» 90	1 »	1 25	1 75

Anneaux, à jonc, cuivre.

	8	9	10	11	12	13	14	15 lignes.
La douz.	» 90	1 10	1 25	1 40	1 50	1 75	2 »	2 25

Anneaux, à jonc, cuivre *(suite)*.

	16	17	18	19	20	21	22	24 lignes.
La douz.	2 50	2 75	3 50	4 25	5 »	5 50	7 »	9 »

Anneaux, à jonc, cuivre, pour bricoles ou gros harnais.

	24	27	30	33	36	42 lignes.
La paire.	1 75	2 »	2 25	2 75	3 50	4 50

Anneaux, à jonc, plaqué argent.

	8	9	10	11	12		16	18	18 lignes.
La douz.	1 20	1 40	1 60	2 »	2 25	la paire.	1 »	1 25 ordin^res^.	1 50 forts.

Anneaux méplats, cuivre.

	8	9	10	11	12	16	18 lignes.
La douz.	1 40	1 75	2 »	2 25	2 50	5 50	7 »

Anneaux méplats, plaqué argent.

	8	9	10	11	12		16	18 lignes.
La douz.	2 75	3 »	3 25	3 75	4 50	La paire.	1 75	2 25

Anneaux, à ruban, cuivre.

	8	9	10	11	12		16	18 lignes.
La douz.	1 60	2 »	2 25	2 75	3 »	La paire.	1 10	1 40

Anneaux, à ruban, plaqué argent.

	8	9	10	11	12		16	18 lignes.
La douz.	5 »	5 25	5 50	6 50	7 »	La paire.	3 »	3 75

Anneaux, à dos d'âne, cuivre.

	8	9	10	11	12		16	18 lignes.
La douz.	1 75	2 »	2 25	2 75	3 »	La paire.	1 25	1 75

Anneaux, à dos d'âne, plaqué argent.

	8	9	10	11	12		16	18 lignes.
La douz.	5 25	5 50	5 75	6 75	7 25	La paire.	3 25	4 »

Anneaux enveloppés, cuir verni.

	8	9	10	11	12		16	18 lignes.
La douz.	3 »	3 »	3 »	3 »	3 »	La paire.	1 60	1 75

Anneaux, à jonc, en bronze aluminium.

	8	9	10	12		18 lignes.
La douz.	5 »	5 50	6 »	7 50	La paire.	3 »

Anneaux, à ruban, en bronze aluminium.

	8	9	10	12		18 lignes.
La douz.	5 50	6 »	6 50	10 »	La paire.	5 »

ANNEAUX DE GUIDES

	Cuivre.	Argent
Anneaux de guides méplats. la p^ce^.	1 75	3 »
Anneaux de guides ruban.. —	2 25	4 »

Anneaux de guides enveloppées, jaunes ou noirs..................	la pièce.	1 50
Anneaux de guides ivoire......	—	2 25

DÉS EN TOUS GENRES

Dés de barres.

Jonc verni, 9 et 10 lignes......	la douz.	» 75
Jonc verni, 12 lignes..........	—	1 »
Faux piqué verni, 9 et 10 lignes	—	2 »

	Cuivre.	Argent.	Maillech.
Jonc, 9 et 10 lignes. la d^ne.	2 »	3 »	4 »
Jonc, 12 lignes..... —	2 50	3 50	5 »
Méplats, 9 et 10 lig. —	2 25	3 25	4 50

	Cuivre.	Argent.	Maillech.
Méplats, 12 lignes.. la d^ne.	2 50	3 50	5 »
Ruban............. —	3 »	4 50	6 »
Dos d'âne......... —	3 50	5 »	7 »
Enveloppés........ —	4 »	» »	» »
	Jonc.	**Ruban.**	**Large.**
Aluminium......., la d^ne.	10 »	10 »	10 »

Dés demi-ronds, cuivre, pour harnais ou licols.

	7	**8**	**9**	**10**	**11**	**12**	**13**	**14**	**15**	**16** lignes.
La douz.	» 60	» 75	1 20	1 40	1 60	1 75	2 »	2 75	3 50	4 50

	17	**18**		**20**	**22**	**24**	**27**	**30**	**33**	**36** lignes.
La douz.	6 50	9 »	la paire.	1 75	2 »	2 25	2 50	2 75	3 75	4 50

Dés carrés pour licols.

	Étamés. **12** sur **15**	Étamés. **14** sur **18**	Cuivre. **12** sur **15**	Cuivre. **14** sur **18** lignes.
La douz.	» 75	» 80	3 50	4 50

Dés demi-ronds pour poitrails.

	Vernis ou étamés.	Cuivre.	Plaqués double argent.
La paire.	» 35	1 75	3 »

Dés carrés, à plaque, pour sanglons de sellettes, jonc verni, 12 et 14 lignes, la douzaine.. 1 50
Dés carrés, à plaque, pour sanglons de sellettes, jonc verni, 12 et 14 lignes, le cent...... 12 »
Anneaux de dessus de cou, à plaque, jonc cuivre, la paire........................ 4 25

BOUCLES DE BRIDES DE SELLES

Boucles lyre ou carrées, à jonc, légères, vernies ou étamées.

	4	**5**	**6**	**7**	**8**	**9**	**10** lignes.
La grosse.	2 25	2 25	2 40	2 50	2 75	3 »	3 25

Boucles lyre ou carrées, enveloppées, cuir jaune.

	4	**5**	**6**	**7**	**8**	**9**	**10**	**12** lignes.
La douz.	1 »	1 »	1 »	1 »	1 25	1 25	1 25	1 50

Boucles lyre, à jonc, plaqué argent.

	4	**5**	**6**	**7**	**8**	**9**	**10** lignes.
La douz.	1 »	1 »	1 »	1 »	1 25	1 25	1 25

Boucles carrées, coins ronds, plaqué argent.

	4	**5**	**6**	**7**	**8**	**9**	**10** lignes.
La douz.	1 25	1 25	1 25	1 25	1 50	1 50	1 50

Boucles doubles, à jonc, plaqué argent.

	4	**5**	**6**	**7**	**8**	**9**	**10** lignes.
La douz.	2 »	2 »	2 »	2 »	2 »	2 25	2 50

Boucles de sangles, à barres.

	Étamées.
La douz.	1 »

Boucles étrivières doubles.

	Étamées.	Polies.
La douz.	1 25	2 »

Boucles anglaises, à rouleaux, vernies ou étamées.

	6	7	8	9	10	11	12	13	14	15 lignes.
Le douz.	» 30	» 30	» 30	» 30	» 35	» 40	» 45	» 50	» 60	» 65
Le 100.	2 »	2 »	2 »	2 25	2 50	2 75	3 25	3 75	4 25	4 75

	16	17	18	19	20	21	22	23	24 lignes.
La douz.	» 70	» 80	» 85	» 90	1 »	1 05	1 10	1 20	1 25
Le 100.	5 25	5 75	6 25	6 75	7 25	7 75	8 25	8 75	9 25

Boucles uniformes, à rouleaux, vernies ou étamées.

	6	7	8	9	10	11	12	13	14	15 lignes.
La douz.	» 30	» 30	» 30	» 30	» 35	» 40	» 45	» 50	» 60	» 65
Le 100.	2 »	2 »	2 »	2 25	2 50	2 75	3 25	3 75	4 25	4 75

	16	17	18	19	20	21	22	23	24 lignes.
La douz.	» 70	» 80	» 85	» 90	1 »	1 05	1 10	1 20	1 25
Le 100.	5 25	5 75	6 25	6 75	7 25	7 75	8 25	8 75	9 25

Boucles anglaises, à rouleaux, cuivre.

	6	7	8	9	10	11	12 lignes.
La douz.	1 60	1 75	1 90	2 10	2 20	2 30	2 50

	13	14	15	16	18	20 lignes.
La douz.	2 60	2 70	2 90	3 25	4 »	4 50

Boucles doubles, grand bazar, cuivre.

	7	8	9	10	11	12	13	14	15	16	18 lign.
La dne.	3 50	4 »	4 50	5 »	5 50	6 »	7 50	9 »	11 »	24 »	27 »

COMPOSITION DE LA GARNITURE DE LICOL EN CUIVRE

3 boucles de 14 lignes. | 2 boucles de 10 lignes. | 2 dés carrés de 14 sur 18 lignes. | 1 dé demi-rond de 14 lignes.

	Jonc, boucles simples.	Méplate, boucles simples.	Méplate, boucles doubles.	Ruban, boucles simples.
La garnitre.	2 75	3 »	3 50	3 25

	Ruban, boucles doubles.	Bazar, boucles simples	Bazar, boucles doubles.
La garniture.	3 75	3 25	3 75

Alliances de licols, étamées. la douz. 2 50
Alliances de licols, cuivre.. la pièce. 2 »

Anneaux à oreilles, étamés.......... 1 25
Anneaux à oreilles, cuivre.......... 1 25

Rivets et Contre-Rivures de licols, étamés.......................... le cent. 4 »
Rivets et Contre-Rivures de licols, cuivre.......................... — 20 »

MORS DE VOITURES EN TOUS GENRES

Mors grenouilles, pour tous chevaux, poneys et corses, garnis, étamés, aux prix désignés ci-dessous.

Nos 1. Mors extra-forts, étamés, garnis.......................... la douz. 13 »
2. Mors forts, étamés, garnis.......................... — 12 »
3. Mors ordinaires, étamés, garnis.......................... — 11 »
4. Mors ordinaires, poneys, étamés, garnis.......................... — 10 50
5. Mors ordinaires, petits, corses, étamés, garnis.......................... — 9 50

Mors grenouilles, à pompes, pour tous chevaux, poneys et corses, étamés, garnis, aux prix désignés ci-dessous.

Nos 6.	Mors grenouilles, extra-forts, à pompes, étamés, garnis	la douz.	15 »
7.	Mors grenouilles, forts, à pompes, étamés, garnis	—	14 »
8.	Mors grenouilles, ordinaires, à pompes, étamés, garnis	—	13 »
9.	Mors grenouilles, ordinaires, à pompes, poneys, étamés, garnis	—	11 »
10.	Mors grenouilles, ordinaires, petits, corses, à pompes, étamés, garnis	—	10 »

Mors à boutons, pour tous chevaux, poneys et corses, étamés, garnis, aux prix désignés ci-dessous.

Nos 11.	Mors à boutons, forts, étamés, garnis	la douz.	12 50
12.	Mors à boutons, ordinaires, étamés, garnis	—	11 »
13.	Mors à boutons, corses, étamés, garnis	—	10 50

MORS OMNIBUS POUR TOUS CHEVAUX

Mors de camions et troyens pour tous chevaux, étamés, aux prix désignés ci-dessous.

Nos 14.	Mors omnibus, renforcés, étamés, garnis	la douz.	16 »
15.	Mors omnibus, ordinaires, étamés, garnis	—	13 »

Mors omnibus pour tous chevaux, renforcés, ordinaires, étamés, garnis, aux prix désignés ci-dessous.

Nos 16.	Mors de camions, pour tous chevaux, étamés	la douz.	12 »
17.	Mors troyens, étamés	—	6 50

Mors banquets, pour tous chevaux, poneys, corses, étamés, garnis, aux prix désignés ci-dessous.

Nos 18.	Mors banquet, étamés, garnis	la douz.	24 »
19.	Mors banquet, poneys, étamés, garnis	—	22 »
20.	Mors banquet, corses, étamés, garnis	—	20 »

Mors grenouilles, à pompes, pour tous chevaux, poneys et corses, limés, étamage fin de Paris, garnis, aux prix désignés ci-dessous.

Nos 21.	Mors grenouilles, à pompes, pour tous chevaux, poneys, corses, étamage fin de Paris, garnis	la douz.	23 »
22.	Mors grenouilles, à pompes, pour tous chevaux, poneys et corses, limés, étamage fin de Paris, garnis	—	27 »

Mors banquets, à pompes, pour tous chevaux, poneys, limés, étamage fin de Paris, garnis, aux prix désignés ci-dessous.

Nos 23.	Mors banquet, à pompe, limé, étamé, fin, garni	la pièce.	3 »
24.	Mors banquet, à pompe, poney, limé, étamé, fin, garni	—	2 75

Mors Wellington, à pompes, pour tous chevaux, poneys, limés, étamés fins de Paris, garnis, aux prix désignés ci-dessous.

Nos 25.	Mors Wellington, à pompe, limé, étamé fin, garni	la pièce.	3 75
26.	Mors Wellington, à pompe, poney, limé, étamé fin, garni	—	3 50

MORS EN TOUS GENRES POLIS, POUR TOUS CHEVAUX,

PONEYS ET CORSES,

Garnis de Gourmettes et de Crochets à ressorts.

Mors grenouilles, à pompes, polis, garnis, crochets à ressorts, aux prix désignés ci-dessous.

Nos 27.	Mors grenouilles, à pompe, poli, garni, crochets à ressorts	la pièce.	4 50
28.	Mors grenouilles, à pompe, poli, poney, garni, crochets à ressorts	—	4 »

Mors banquets, à pompes, polis, pour tous chevaux et poneys, garnis, crochets à ressorts, aux prix désignés ci-dessous.

Nos 29.	Mors banquet, à pompe, poli, garni, crochets à ressorts	la pièce.	5 25
30.	Mors banquet, à pompe, poli, poney, garni, crochets à ressorts	—	5 »

Mors Wellington, à pompes, polis, pour tous chevaux et poneys, garnis, crochets à ressorts, aux prix désignés ci-dessous.

Nos 31.	Mors Wellington, à pompe, poli, garni, crochets à ressorts	la pièce.	5 75
32.	Mors Wellington, à pompe, poli, poney, garni, crochets à ressorts	—	5 50

Mors Pelhom, à embouchure de bridon et à charnières, garnis et étamés fins de Paris, aux prix désignés ci-dessous :

Nos 33. Mors Pelhom, embouchure de bridon, garni, étamé fin de Paris..........	la pièce.	3	»
Les mêmes, polis..	—	3	75
34. Mors Pelhom, embouchure à charnières, garni, étamé fin de Paris........	—	3	50
Les mêmes, polis..	—	4	25

OBSERVATIONS

Mors forge de Paris, étamés, fins, prennent un supplément sur les mors grenouilles n° 21, par douzaine, de.. 4 »

Mors forge de Paris, limés, étamés, fins, prennent un supplément sur les mors grenouilles n° 22, par douzaine, de.. 8 »

Mors forge de Paris, limés, étamés, fins, prennent un supplément sur les mors à banquets, à pompes, nos 23 et 24, par mors.. 1 25

Mors forge de Paris, limés, étamés, fins, prennent un supplément sur les mors Wellington nos 24 et 25, la pièce.. 1 »

Mors de fantaisie, faits sur mesure; d'après croquis au modèle, je puis vous les faire fabriquer conformes, et au plus juste prix.

FILETS DE CARROSSES

		Étamés.	Polis.
Nos 35. Filets de carrosses, anneaux roulants..........................	la douz.	10 »	17 »
36. Filets de carrosses, à panurges..........................	—	24 »	33 »
37. Filets de carrosses, à quatre anneaux..........................	—	24 »	33 »

MORS DE SELLES

		Étamés.	Polis.
Nos 38. Mors anglais, garnis, anneaux fixes ou roulants..................	la douz.	10 »	» »
39. Mors façon Paris, anneaux roulants, étamés, garnis..................	—	11 »	30 »
40. Mors à sous-barbe, étamés, garnis..................	—	11 »	» »
41. Mors d'une pièce, garnis..................	—	18 »	33 »
42. Filets anneaux roulants..................	—	7 »	9 »
43. Filets quatre anneaux..................	—	24 »	27 »
44. Filets Baucher..................	—	24 »	30 »
45. Mors Castres, étamés..................	—	7 »	» »

BRIDONS

N° 47. **Bridons** ordinaires, étamés.

Nos	4	5	6	7
La douz.	4 50	5 50	6 50	7 50

N° 48. **Bridons** à boutons, étamés.

Nos	6	7	8
La douz.	9 »	10 »	11 »

Les mêmes bridons à ailes plates, en plus par douzaine.................................... 1 »

GOURMETTES EN TOUS GENRES

Gourmettes voitures, mailles doubles, étamées.

VOITURES ET CARROSSES.

	20	22	24 mailles.
La douz.	3 »	3 50	4 »

Gourmettes voitures, mailles doubles, polies, avec crochets à ressorts.

VOITURES ET CARROSSES.

	20	22	24 mailles.
La douz.	9 »	9 50	10 »

Gourmettes voitures, simples, mailles polies, fortes.

VOITURES ET CARROSSES.

	15	17 mailles.
La douz.	10 »	11 »

Gourmettes de selles, doubles mailles, étamées.

	20	22	24 mailles.
La douz.	2 75	3 25	3 50

Gourmetttes de selles, doubles, mailles polies.

	20	22	24	26	28
La douz.	8 »	8 50	9 »	10 »	11 »

Gourmettes de selles, mailles simples, polies.

	19	21 mailles.
La douz.	10 »	11 »

CROCHETS ET ESSES

Crochets et **Esses.**

	Étamés.
Par 100 paires.	2 »

Crochets de rênes estampés.

	Étamés.	Polis.	
Par 100.	4 »	2 25	la douz.

Crochets de rênes en fer, étamés.

	Étamés.
Par 100.	3 »

Crochets de gourmettes, à ressorts.

	Étamés.	Polis.
Par douz. de paires.	2 25	2 25

Crochets de gourmettes, doubles ressorts, pour selles ou carrosses, polis, la douzaine......... 4 »

FAUSSES GOURMETTES ET POLISSOIRS

Fausses Gourmettes.	Polies, mailles simples.	Polies, mailles doubles.	Cuir, boucles plaquées.
La douz....	12 »	15 »	6 »

	36	40	48	56	64	70 mailles.
Polissoirs avec anneaux, la douz.	14 »	16 »	20 »	24 »	32 »	40 »

Polissoirs carrés.. la douz. 20 »
Polissoirs sur buffle, carrés.. — 27 »

ÉTRIERS EN TOUS GENRES

Étriers à bateaux, étamés.

Nos	9	10	11	12	13
La paire.	1 »	1 10	1 20	1 25	1 35

Étriers à ressorts.

	Étamés fins.	Polis.
La paire.	9 »	10 »

Étriers à la Chevalière ou Henri IV.

	Etamés fins.	Polis.
La paire.	1 75	3 50

Etriers de chasse et course, polis.

	De Chasse.	De Course.
La paire.	4 50	3 50

ÉPERONS EN TOUS GENRES

Éperons à crampons.

	Polis.		Aluminium.
La douz.	9 »	La paire.	6 »

Épérons à boutons.

	Etamés.	Polis
La douz.	9 »	18 »

Éperons à boutons, boucles à anneaux.

	Polis.	Aluminium.
La paire.	2 50	17 »

Eperons à boîtes, polis, la paire....... 1 15
Eperons d'une pièce, à boîtes, aluminium, la paire.................... 15 »

Epérons d'une pièce, à boîtes, polis, la p^re 1 75
Tiges vernies, à vis, pour garde-crotte, la douzaine........................ 2 50
Molettes polies, la douzaine.......... » 75
Eperons à crampons, ronds ou à biseaux, polis, la paire........................ 1 »
Clefs d'éperons, en fer, polies, la douz. 3 »
Clef d'éperons, en aluminium, la pièce.. » 80

GRELOTS ET SONNETTES

Grelots, petite série.

Nos	1	2	3	4	5	6	7	8	9	10	
Ordinaires.	» 60	» 70	» 80	1 »	1 25	1 50	1 75	2 »	2 25	2 50	la douz.
Blancs....	» 80	» 90	1 »	1 25	1 50	1 75	2 »	2 35	2 60	2 90	—

Grelots, grosse série.

Nos	1	2	3	4	5	6	7	8	9	10	
Ordinaires.	» 75	» 85	1 »	1 25	1 50	1 75	2 »	2 25	2 50	2 90	la douz.
Blancs....	» 90	1 »	1 25	1 50	1 75	2 »	2 35	2 60	2 90	3 25	—

Grelots tyroliens, fendus en quatre.

	Petits.	Moyens.	Gros.	
Jaunes.	4 »	4 25	4 50	la d^ne.
Blancs.	4 50	4 75	5 »	—

Grelots tyroliens, fendus en quatre, extra-fins.

	Petits.	Moyens.	Gros.	
Jaunes.	5 50	5 75	6 »	la d^ne.
Blancs.	6 »	6 25	6 50	—

Grelots tyroliens, fendus en huit.

	Moyens.	Gros.	
Jaunes.	5 25	5 50	la douz.
Blancs.	5 75	6 »	—

Grelots tyroliens, fendus en huit, extra-fins.

	Moyens.	Gros.	
Jaunes.	6 »	7 »	la douz.
Blancs.	6 50	7 50	—

Sonnettes Saint-Antoine.

Nos	2	3	4	
Jaunes.	1 50	1 75	2 50	la d^ne.
Blanches.	1 75	2 »	2 75	—

Sonnettes rondes ou ovales, au kilo.

Rondes, n°s 1 à 20.	Ovales, n°s 1 à 12.
3 50	3 50

FOUETS EN TOUS GENRES

Fouets montés à la française.

1. Fouets perpignans, Nonancourt, 4 ½ à 5 pieds, la douzaine............ 24 »
2. Fouets perpignans, Nonancourt, poignées mouton, la douzaine....... 22 »
3. Fouets jonc, Nonancourt, poignées mouton, la douzaine............ 22 »
4. Fouets perpignans noirs, poignées vache, la douzaine............ 26 »
5. Fouets perpignans noirs, poignées avec viroles, la douzaine......... 33 »
6. Fouets jonc noir, poignées avec viroles, la douzaine............ 33 »
7. Fouets jonc couleurs, poignées avec viroles, la douzaine............ 26 »
8. Fouets jonc couleurs, olives fil, la d^ne 24 »
9. Fouets jonc, à boutons, montures en huit, la douzaine.............. 22 »
10. Fouets rotins, à nœuds et boutons, poignées noires, la douzaine....... 22 »
11. Fouets jonc fantaisie, couleurs, rotins bouts noirs, la douzaine......... 20 »
12. Fouets jonc ou perpignans, montés à lanières, la douzaine............ 18 »
13. Fouets jonc, à nœuds, la douzaine... 15 »
14. Fouets antés, jonc couleurs, montures en trois, la douzaine............ 7 50

Fouets montés à l'anglaise.

1. Fouets noyer blanc, montures mouton, la douzaine................ 14 »
2. Fouets noyer couleurs, monture mouton, la douzaine................ 14 »
3. Fouets jonc fantaisie, montures mouton, la douzaine................ 20 »
4. Fouets jonc, deux boutons, montures mouton, la douzaine............ 22 »
5. Fouets jonc, 1re qualité, à boutons et olives fil et boyaux, garniture à culots et viroles, depuis, par douz., 24, 26, 28, 30, 33, 36, 39, 42, 48 et........................ 50 »
6. Fouets jonc sculpté, sans poignée, la dne, 57, 60, 65, 70, 75, 80 et 100 »
7. Fouets jonc sculpté, poignées variées, soit baleine tressée, veau cousu et tressé, ou peau de porc, la pièce, 7 50, 8, 8 50, 9, 9 50 et........ 11 »
8. Fouets fantaisie, houx, cornouiller, épine et autres bois, la pièce, 4 25, 4 50, 4 75, 5, 5 50, 6, 6 50, 7, 7 50, 8, 9, 10 12 et........... 15 »
9. Fouets fantaisie, rotin, la pièce, 5, 5 50, 6, 6 50, 7 et........... 10 »
10. Fouets baleine couvertes boyau, la pièce, 8 à.................... 10 »
». Fouets baleine unie, pièce, 8, 10, 12 à 20 »
». Fouets baleine sculptée, la pièce, 15 à 25 »
11. Fouets fantaisie, jonc, bois et autres, avec poignées en corne de buffle et de cerf, la pièce, 7, 8, 10, 12 et 14 »
12. Fouets fantaisie, garniture argent, la pièce, 10, 12, 14, 16, 18 et.... 20 »
13. Fouets fantaisie, garniture or doublé, la pièce, 16, 20, 25 et......... 30 »

Perpignans.

Perpignans montés à l'anglaise, de choix, la pièce, 4 50 à.................... 7 »
Perpignans montés à la française, genre Nonancourt, avec lanière suivant la longueur, 4 ½ à 5 pieds, la douzaine.... 24 »

Joncs unis.

	3 ½	4	4 ½	5 pieds.
La douz.	9 »	10 »	11 »	12 »
	5 ½	6	6 ½	7 pieds.
La douz.	14 »	17 »	20 »	24 »

Montures.

Montures à l'anglaise, sur plumes grosses, la douzaine........................ 11 »
Montures à l'anglaise, sur plumes fines, la douzaine........................ 12 »
Montures à la française, en huit, pour cabriolet, la douzaine.............. 5 »
Montures nœuds noirs, polkas, bas plats ou tordus, la douzaine............ 5 25
Montures en trois, en vache, pieds plats ou tordus :

Nos	1	2	3
La douz.	3 »	3 50	4 »
Nos	4	5	6
La douz.	4 50	5 »	5 50

Lanières.

Lanières rondes, genre Nonancourt, la dne 5 50
Lanières rondes, bonne qualité, la douz. 5 »

Mèches et Fils de Fouets.

Mèches de fouets, en soie, la douzaine..

	Nos		
Fil de fouet gris..	4.......	le kilo.	4 »
Fil de fouet gris..	3.......	—	6 »
Fil de fouet gris..	2.......	—	8 »
Fil de fouet gris..	1.......	—	12 »
Fil de fouet blanc.	4.......	—	8 »
Fil de fouet blanc.	3.......	—	9 »
Fil de fouet blanc.	2.......	—	12 »
Fil de fouet blanc.	1.......	—	13 »

CRAVACHES EN TOUS GENRES

1. Cravaches rotins à boutons, crosses variées, la douzaine, 6, 7, 7 50, 8 50, 11, 12, 13, 14 à........ 24 »
2. Cravaches baleine, à boutons, la dne 24, 26, 28, 30 et.............. 36 »
3. Cravaches baleine, poignées baleine, à boutons, la pièce, 3, 3 50, 4, 4 50, 5, 6 et........................ 7 »
4. Cravaches baleine, recouvertes en boyau, garniture maillechort, la pièce, 3 50, 4, 4 50, 5 et...... 5 50
5. Cravaches baleine, recouvertes en boyau, poignées corne, la pièce, 4 50, 5, 5 50, 6, 7 et.......... 8 »
6. Cravaches, poignées à crosse, bois et corne, la pièce, 3, 4, 5, 6, 7 et 8 »
7. Cravaches baleine, tressées en gros boyau, genre anglais, la pièce, 8, 10, 12, 15, 20 et.............. 25 »

Sticks ou **Cannes** de tous prix.

Perpignans.

Perpignans unis, 2me qualité.

	3 ½	4	4 ½	5 pieds.
La douz.	9 »	10 »	12 »	12 »

Perpignans unis, 1re qualité.

	3 ½	4	4 ½ pieds.
La douz.	10 »	11 »	13 »
	5	6	7 pieds.
La douz.	13 »	17 »	20 »

Perpignans unis, qualité extra.

	4 ½ et 5 pieds.
La douz.	14 »

Perpignans cordés.

	1re qualité.	Forts.	Extras.	Noyer, cordés.
La douz.	8 75	9 50	12 »	6 »

ARTICLES DE CHASSE

Carniers en tous genres.

Nos 1.	Carnier à soufflet anglais, deux poches bordées bleu, cadet grand	la pièce.	8 50
2.	Carnier à soufflet anglais, tout toile tannée, avec porte-cartouches, cadet grand.	—	10 »
3.	Carnier d'ouvrier, carré, tout toile treillis, sans filets	—	4 50
4.	Carnier d'ouvrier, carré, tout peau, sans filets	—	5 »
5.	Carnier rond, deux poches, rabat peau, filets simples	—	5 »
6.	Carnier carré, de garde, grande taille, filets, gros fouet	—	8 50
7.	Carnier carré, droit, doubles filets, façon double rabat peau	—	7 50
8.	Carnier carré, droit, filets doubles, rabat peau	—	10 »
9.	Carnier carré, à soufflet anglais, filets doubles, rabat maroquiné	—	10 »
10.	Carnier carré, à demi-soufflet, grand rabat peau *(breveté)*	—	10 »
11.	Carnier carré, à soufflet anglais, tout peau de porc	—	12 50
12.	Carnier carré, échancré, à soufflet anglais, tout peau de porc	—	13 »
13.	Carnier carré américain, monture belge, rabat trois-quarts maroquin	—	12 »
14.	Carnier carré, échancré, rabat à pièces, filets doubles	—	10 »
15.	Carnier carré, échancré, rabat à une pièce, filets doubles	—	11 »
16.	Carnier à soufflet anglais, quatre poches, filets doubles, demi-fin, encastré	—	13 »
17.	Carnier à soufflet anglais, quatre poches, filets doubles, tout veau gras	—	19 »

Cartouchières en tous genres.

Nos 1.	Cartouchière-giberne, calibre 16, mouton maroquiné	la pièce.	4 50
2.	Cartouchière-giberne, calibre 16, vache brunie	—	5 50
3.	Cartouchière-giberne, calibre 16, veau marin	—	5 50
4.	Cartouchière-giberne, calibre 16, peau de porc brunie	—	5 50
5.	Cartouchière, toile tannée, sans tubes	—	3 25
6.	Cartouchière, toile tannée, avec tubes caoutchouc	—	4 »
7.	Cartouchière, toile tannée, avec 18 tubes caoutchouc	—	4 50
8.	Cartouchière-ceinture, 20 tubes caoutchouc, en toile blanche	—	4 »

N° 1. **Guêtres** en toile écrue.

3	**4**	**5** boucles.
2 25	2 75	4 25

N° 2. **Guêtres** en toile blanche.

3	**4**	**5** boucles.
2 50	3 »	4 50

N° 3. **Guêtres** en mouton.

3	**4**	**5** boucles.
3 »	3 75	4 75

N° 4. **Guêtres** en veau.

3	**4**	**5** boucles.
4 25	5 50	9 »

Guêtres demi-fines, en veau, en plus .... » 75

Bretelles de fusils en vache, boucles étamées, n° 1	la douz.	9 »
Bretelles de fusils en vache brunie, boucles étamées, n° 2	—	10 »
Les mêmes, avec boucles enveloppées, en plus par douzaine		1 »

Colliers de chiens.

N° 1. Colliers, cuir jaune, boucles galvanisées.

	10	**12**	**14** lignes.
La douz.	8 50	10 »	12 50

N° 2. Colliers, cuir noir, boucles étamées.

	12	**14**	**15** lignes.
La douz.	10 »	12 »	14 »

N° 3. Colliers, cuir jaune ou bruni, boucles et dés cuivre.

	8	**10**	**12**	**14** lignes.
La douz.	5 50	7 »	9 »	11 »

N° 4. Colliers, cuir bruni, avec porte-cadenas et à tourets.

	10	**12**	**14**	**15** lignes
La douz.	11 »	12 »	16 »	18 »

N° 5. Colliers, cuir bruni, piqués jusqu'à la plaque.

	12	**14** lignes.
La douz.	16 »	18 »

N° 6. Colliers, cuir jaune, avec clous, garniture cuivre.

	10	**12** lignes.
La douz.	16 »	20 »

Muselières.

1. Ordinaires, sans bout............ la dne 5 »
2. A cœur.......................... — 6 »
3. A cœur, avec bouts de nez........ — 7 »
4. Extra-fortes, pour Terre-Neuve... — 12 »
5. A panier, grillagées............. — 6 50
6. Bouts grillagés, cuir bruni...... — 9 »
7. Courroies remplaçant la muselière — 5 »
8. Courroies, avec dessus de tête.... — 7 50

Fouets de chasse.

1. Fouets de carniers, brisés, montures mouton, la douzaine, 15, 18, 24, 30, 36 et........................ 42 »
2. Fouets de carniers, brisés, montures cheval, la douzaine, 16, 20, 24, 30, 36 et........................ 42 »
3. Fouets de carniers, brisés, montures veau, la douzaine, 30, 33, 36, 42, 48, 54 et........................ 60 »
4. Fouets de carniers, brisés, montures veau, poignées fantaisie en corne de buffle ou corne de cerf et autres, la pièce, 4 50, 5, 6, 7, 8 et........ 9 »
5. Fouets de chasse ordinaires, manches courts, montures cheval, bas plats, montages variés, avec sifflets corne, la pièce, 2 25, 2 50, 3, 3 50, 4 et.. 4 50
6. Fouets de chasse rotin, crosses variées de fantaisie, montures cheval, bas à œillets, la pièce, 5 50, 6, 7, 8, 9 et 10 »
7. Fouets de chasse, montures veau, la pièce, 6 50, 7, 8, 10, 12 et........ 15 »
8. Fouets de chasse à marteaux cuivre ou têtes en zinc, manches courts, jonc verni, en un mot, de tous genres.

Articles divers.

Chaînes de chiens, fer poli, la douz., 9 à 27 »
Accouplés, fer poli, la douzaine........ 18 »
Boutons doubles de carnier, jaunes et blancs, la douzaine.................. » 60
Garnitures de carniers, telles que boucles, dés et porte-mousquetons jaunes et blancs, la garniture, 1 50 à........ 2 »
Filet de carnier simple.................. 3 »
Filet de carnier double.................. 3 50
Filet de carnier double, demi-fin........ 4 25
Filet de carnier double, fin............. 5 75
Filet de carnier double, fort............ 4 25

SELLES A MONTER EN TOUS GENRES

1. Selle anglaise unie, 14 pouces ½..... 20 »
2. Selle anglaise, avance unie, 14 pces ½. 23 »
3. Selle anglaise, avance piquée, 14 pces ½ 24 »
4. Selle anglaise unie, 15 pces ½ à 16 pces 24 »
5. Selle anglaise unie, 15 pouces ½ à 16 pouces, forte ferrure.......... 26 »
6. Selle anglaise, avance unie ou piquée, 15 pouces ½ à 16 pouces.......... 28 »
7. Selle anglaise, avance piquée, 15 pces à 16 pouces.................. 29 »
8. Selle anglaise, avance unie, 15 pouces à 16 pouces, troussequin rond, quartiers coupe anglaise, porte-étriers à ressorts...................... 35 »
9. Selle anglaise à avance élastique, porte-étriers à ressorts, double ferrure...................... 38 »
10. Selle anglaise matelassée, ordinaire, bande de bois................ 52 »
». Selle anglaise matelassée, ordinaire, élastique.................. 56 »
11. Selle anglaise matelassée, fine, bande de bois.................. 56 »
». Selle anglaise matelassée, fine, élastique.................. 64 »
12. Selle anglaise matelassée, arçons et panneaux Baucher, cuir élastique. 95 »
13. Selle mixte ou de chasse, bande de bois 95 »
14. Selle mixte élastique, pannx Baucher. 100 »
15. Selle demi-crapaud, piquée en plein.. 100 »
16. Selle crapaud, piquée en plein....... 105 »
». Selle crapaud, à grandes bosses, piquée en plein...................... 120 »
17. Selle demi-française unie.......... 30 »
18. Selle demi-française, avance unie.... 35 »
19. Selle demi-française, avance piquée.. 36 »
20. Selle demi-lyonnaise, grands quartiers 37 »
21. Selle demi-lyonnaise, quatre quartiers 35 »
22. Selle lyonnaise, grands quartiers.... 38 »
23. Selle normande..................... 40 »
24. Selle américaine unie.............. 29 »
25. Selle américaine, avance unie....... 34 »
26. Selle américaine, avance piquée..... 35 »
27. Selle hussarde unie, bande de bois... 32 »
28. Selle hussarde, avance............. 36 »
29. Selle hussarde, avance élastique, porte-étriers à ressorts.............. 44 »
30. Selle de course matelassée, bande de bois......................... 62 »
31. Selle de course matelassée, élastique. 70 »
32. Selle de femme, unie, ordinaire, deux cornes......................... 50 »
33. Selle de femme, unie, ordinaire, trois cornes......................... 65 »
34. Selle de femme, avance unie, deux cornes......................... 60 »
35. Selle de femme, avance unie, trois cornes......................... 75 »
36. Selle de femme, chamois, avance montante, deux cornes.............. 68 »
37. Selle de femme, chamois, avance montante, trois cornes............. 82 »
38. Selle de femme, fine, avance piquée et siége peau de cochon, trois cornes. 90 »
39. Selle de femme, extra-fine, piquée en plein, peau de cochon, trois cornes. 180 »
40. Selle de femme à la fermière, en chamois......................... 36 »
41. Selle de femme à la fermière, en velours......................... 42 »

Faux-Panneaux.

1. Faux-Panneaux, mouton piqué...... 23 »
2. Faux-Panneaux, veau piqué........ 30 »
3. Faux-Panneaux, peau de cochon piquée 50 »
4. Faux-Panneaux, chamois piqué..... 55 »

Étriers de selles de dames.

1. Etriers sabots, peau de cochon, ordin[res]. 4 »
2. Etriers sabots, peau de cochon, branches enveloppées.......... 5 »
3. Etriers sabots, peau de cochon, fins... 7 50
4. Etriers Victoria, fins, velours couleurs. 15 »

Tapis de selles.

1. Tapis de selle en feutre gris, bordé... 7 50
2. Tapis de selle en feutre gris, demi-fin, bordé.......... 8 »
3. Tapis de selle en feutre gris, fin, bordé. 9 50
4. Tapis de selle en feutre blanc, bordé.. 7 50
5. Tapis de selle en feutre blanc, demi-fin, bordé.......... 8 »
6. Tapis de selle en feutre blanc, fin, bordé. 9 50
7. Tapis de selle en feutre marron, demi-fin, bordé.......... 9 »
8. Tapis de selle en feutre marron, fin, bordé.......... 12 »
9. Tapis de selle en feutre très-épais, crottin.......... 12 »

Panneaux de selles.

Panneaux de selle anglaise, en coton..... 7 50
Panneaux de selle anglaise, en laine..... 9 »
Panneaux de selle de femme, en laine.... 11 »

Brides anglaises.

Brides, une seule rêne, deux passants, boucles étamées, 7 lignes.......... 3 50
Brides et filets, deux passants, boucles étamées, 7 lignes.......... 5 50
Brides et filets, deux passants, boucles plaquées, 7 lignes.......... 6 »
Brides et filets, deux passants, boucles enveloppées, 7 lignes.......... 6 »
Les mêmes, plus larges, en plus par ligne. » 75
Brides demi-fines, trois passants, 8 lignes, boucles plaquées ou enveloppées....... 9 50
Brides fines, trois passants, 8 et 9 lignes, boucles plaquées ou enveloppées....... 12 »
Brides fines, trois passants, 8 et 9 lignes, boucles doubles plaquées, simple argent 13 50
Les mêmes, plus larges, en plus par ligne. 1 25
Brides rondes, deux passants, 7 lignes, boucles plaquées ou enveloppées....... 10 50
Brides rondes, demi-fines, boucles plaquées ou enveloppées.......... 13 »
Brides rondes, fines, boucles plaquées ou enveloppées.......... 17 »
Les mêmes, plus larges, en plus par ligne. » 75

Fausses-Gourmettes.

Fausses-Gourmettes, cuir, plates, la douz. 5 »
Fausses-Gourmettes, cuir, rondes, la douz. 6 »

Croupières.

Croupière, boucles étamées, plaquées ou enveloppées.......... 1 50
Croupière demi-fine, boucles plaquées ou enveloppées.......... 2 »
Croupière fine, boucles plaquées ou enveloppées.......... 2 75

Martingales de selles.

Martingale plate, à anneaux.......... 6 »
Martingale, collier rond, à anneaux...... 7 50
Martingale, collier piqué, à anneaux..... 9 50

Courroies d'étrivières.

Courroies d'étrivières, cuir jaune, 12 lig., la paire.......... 3 50
Courroies d'étrivières, cuir jaune, 13 lig., la paire.......... 4 »
Courroies d'étrivières, cuir jaune, 14 lig., la paire.......... 4 50
Courroies d'étrivières, sur fleur, 14 lignes, boucles doubles, la paire.......... 5 50
Courroies d'étrivières, sur fleur, 14 lignes, bouts piqués, la paire.......... 6 »
Courroies d'étrivières fines, grattées, 14 lig., la paire.......... 6 »
Courroies d'étrivières fines, grattées, bouts piqués, 14 lignes.......... 6 50

Sangles.

Sangles, fil écru, boucles à rouleaux, la paire.......... 3 50
Sangles, laine blanche, boucles à rouleaux, la paire.......... 4 »
Sangles, laine blanche demi-fine, boucles à rouleaux, la paire.......... 4 50
Sangles, laine blanche demi-fine, boucles à barres, la paire.......... 5 »
Sangles, laine blanche fine, boucles à barres, la paire.......... 5 50
Sangles, laine blanche fine, à six boucles à barres, la paire.......... 7 50

Surfaix de selles.

Surfaix panne.......... 12 50
Surfaix panne, avec bourrelets peau de cochon.......... 15 50
Surfaix panne, avec bourrelets et brosse.. 19 »
Surfaix élastiques anglais, à crochets.... 26 »

Tissus pour sangles.

Sangle, laine blanche, 3 pouces, le mètre. 1 20
Sangle, laine blanche demi-fine, 3 pouces, le mètre.......... 1 40
Sangle, laine blanche fine, 3 pouces, le mètre.......... 2 »
Sangle, laine couleurs, demi-fine, 3 pouces, le mètre.......... 1 60
Sangle, fil écru, 3 pouces, le mètre.... » 70
Sangle, fil écru fin, 3 pouces, le mètre... » 90
Sangle, fil écru fin, renforcée, 3 pouces, le mètre.......... 1 »
Sangle, fil blanc, 3 pouces, le mètre..... 1 »
Sangle, fil blanc fin, 3 pouces, le mètre.. 1 20
Sangle, fil écru, à rayures couleurs, 3 pouces, le mètre.......... » 60
Sangle gendarme et sangle fendue, le mètre » 55
Sangle gendarme et sangle fendue, le mètre » 75
Faux-Siége, fil écru, pour arçons de selles, 24 lignes, le mètre.......... » 35
Faux-Siége, fil écru, pour arçons de selles, 30 lignes, le mètre.......... » 45
Faux-Siége, fil écru, pour arçons de selles, 36 lignes, le mètre.......... » 50
Tresse couleurs, pour couvertures, le mètre » 30
Tresse laine, à filets, 14 lignes, le mètre. » 30
Tresse laine, à filets, renforcée, 14 lignes, le mètre.......... » 35
Galon étroit, à filets larges, 18 lignes, le mètre.......... » 45
Galon large, à filets larges, 21 lignes, le mètre.......... » 55

Tissus à surfaix d'écurie.

Tissus laine et fil, toutes couleurs,

2 ¼	3	3 ½	4	4 ½	5 pouces.
» 65	» 80	» 90	1 10	1 25	1 50 le mètre

Tissus tout laine, toutes couleurs,

4	4 ½	5 pouces.
2 »	2 25	2 50 le mètre.

ARTICLES D'ÉCURIE

Genouillères molleton, plates, la douz. 20 »
Genouillères molleton, cintrées, la d^ne^ 45 »
Genouillères molleton, élastiques, la d^ne^ 54 »
Genouillères vache grasse, la paire... 4 50
Genouillères vache grasse, doublées peau, la paire.................... 5 50
Genouillères vache vernie, doublées peau, la paire.................... 6 »
Bourrelets à sangsues, la paire....... 2 50
Bottines à coquilles, à sangsues, la paire. 3 »
Bottines à coquilles, à hirondelles, à sangsues, la paire.................. 3 50
Bridons cuir jaune, noir, buffle, 10 lignes, la pièce......................... 7 »
Bridons cuir jaune, à œillères, 10 lignes, la pièce......................... 11 »
Caveçons ordinaires, montés......... 6 50
Caveçons fins, montés avec rênes et longes.......................... 13 »

Caparaçons.

1. Caparaçon en dessous vache vernie, doublé molleton, 1er choix, la pièce. 32 »
2. Caparaçon en dessous vache vernie, doublé molleton, 2me choix, la pièce. 30 »
3. Caparaçon en dessous vache vernie, doublé molleton, 3me choix, la pièce. 28 »
4. Caparaçon en dessus d'une pièce, vache vernie, doublé molleton, la p^ce^ 44 »
5. Caparaçon en dessus jonc au milieu, vache vernie, doublé molleton, la p^ce^ 40 »
6. Caparaçon vache grasse grainée en dessous, doublé coutil, la pièce... 25 »
7. Caparaçon de dessus d'une pièce, vache grasse grainée, doublé coutil, la pièce..................... 36 »
8. Caparaçon de dessus, jonc au milieu, vache grasse grainée, doublé coutil, la pièce..................... 34 »
9. Caparaçon gris, 4 fils, ordinaire, la p^ce^ 10 »
10. Caparaçon gris, 6 fils, ordinaire, la p^ce^ 12 »
11. Caparaçon blanc, 4 fils, ordinaire, la pièce..................... 12 »
12. Caparaçon blanc, 6 fils, ordinaire, la pièce..................... 14 »
13. Caparaçon gris, 4 fils, demi-fin, la p^ce^ 14 »
14. Caparaçon gris, 6 fils, demi-fin, la p^ce^ 15 »
15. Caparaçon blanc, 4 fils, demi-fin, la p^ce^ 15 »
16. Caparaçon blanc, 6 fils, demi-fin, la p^ce^ 17 »
17. Caparaçon gris, 4 fils, fin, la pièce.. 18 »
18. Caparaçon gris, 6 fils, fin, la pièce.. 20 »
19. Caparaçon blanc, 4 fils, fin, la pièce. 21 »
20. Caparaçon blanc, 6 fils, fin, la pièce. 22 »

Licol à la française, cuir jaune, noir... 7 »
Licol à la française, buffle........... 7 »
Licol à l'anglaise, cuir jaune, sous-gorge ronde.......................... 7 50
Licol tissu double, rayé, monté cuir jaune. 5 50
Licol de chasse, tout tissu rayé........ 4 »
Licol de pansage, tissu rayé.......... 4 »
Licols en fil de fouet gris, de poche, la douzaine......................... 33 »
Licols en fil de fouet blanc, la douzaine. 36 »
Licols tissus écru et blanc........... 13 »
Licols tissu dit marchand de chevaux, à œillets, par largeur désignée,

21	24	27 lignes.
5 25	6 »	7 50 la douz.

Licols tissu dit marchand de chevaux, sans œillet,

24	27 lignes.
8 »	9 » la douz.

Longes en corde câblée, ordinaires, la douzaine......................... 5 50
Longes en corde septin, petites, la douz. 6 »
Longes en corde septin, moyennes, la d^ne^ 7 »
Longes en corde septin, grosses, la douz. 8 »
Longes en crin noir, la douzaine...... 14 »
Longes en crin blanc, la douzaine..... 15 »
Longes de stalles, soie végétale, garniture cuivre et porte-mousquetons de chaque bout, la douzaine............ 45 »
Chaînes de nuit, avec tourets et claviers étamés, la douzaine................ 22 »
Chaînes de jour, avec tourets et porte-mousquetons, la douzaine........... 25 »
Bouts de longes, avec touret d'un bout et anneau de l'autre............... 12 »
Chaînes de stalles, avec porte-mousquetons et anneaux..................... 33 »
Billots de longes en bois tourné, la douz. 4 »
Billots de longes en fer poli, la douzaine. 15 »
Collier de saignée en bois, la pièce..... 2 »
Collier pour chevaux ayant le tic, la p^ce^ 3 »
Porte-Mousquetons de chaînes, étamés, la douzaine........... 10 à 12 »
Porte-Mousquetons de longes de cuir, étamés, la douzaine.......... 10 à 12 »
Porte-Mousquetons de longes, cuivre poli, la douzaine..................... 12 »
Béguins en filet gris ou blanc, ordinaires, la douzaine........................ 18 »
Béguins en filet gris ou blanc, fins, la douzaine........................ 22 »

Béguins en filet gris ou blanc, surfins, la douzaine........ 27 »
Béguins en filet gris ou blanc, extra-fins, la douzaine........ 33 »
Béguins coutil rayé, toutes nuances, la douzaine........ 7 »
Béguins coutil rayé, toutes nuances, bordés tresse, laine rouge, la douzaine. 12 »
Dessus de nez gris, la douzaine.... 8 50
Bandes molleton blanc, pour jambes, la paire........ 2 75
Bandes molleton rouge, pour jambes, la paire........ 3 »
Surfaix gendarme, avec plaque, bordé cuir, un sanglon........ 3 »
Surfaix gendarme, bordé tresse, un sanglon........ 2 75
Surfaix gendarme, sans coussin, un sanglon........ 1 90
Surfaix laine et fil toutes couleurs, un contre-sanglon,

3¼	4	4½	5 pouces.
» »	5 »	5 75	6 50

Surfaix laine et fil toutes couleurs, deux sanglons,

4	4½	5 pouces.
5 50	6 25	7 »

Surfaix tout laine, toutes nuances, deux sanglons,

4	4½	5 pouces.
6 50	7 »	8 »

Surfaix tout laine, toutes nuances, deux sanglons,

4	4½	5 pouces.
7 25	7 75	8 50

Couvertures laine crottin, à rayures,

	2me qualité.	1re qualité.	Renforcées, 2me qualité.	Renforcées, 1re qualité.
140 — 150	7 »	8 »	» »	» »
145 — 165	9 50	10 50	» »	» »
5/4 — 6/4	11 »	12 »	15 »	16 »
6/4 — 7/4	15 »	16 »	18 »	21 »

Les couvertures écossaises, couleurs assorties, ponceau, bleu, solférino, en plus par pièce, dans les mêmes grandeurs désignées ci-dessus. » 50

Couvertures cabri, pour chevaux,

	1re qualité.	2me qualité.
130 — 110	4 »	3 50
170 — 135	5 »	» »
180 — 135	5 50	» »

Couvertures laine grise,

170 — 135	180 — 135
6 »	7 »

Couvertures crottin à la française, bordées tresse,

5/4 — 6/4 1re qualité.	5/4 — 6/4 renforcées.
22 »	24 »

Couvertures crottin à l'anglaise, à poitrail, bordées tresse,

5/4 — 6/4 1re qualité.	5/4 — 6/4 renforcées.
30 »	32 »

Couvertures molleton, 2me qual., à la française,

Bordée tresse.	Bordée galon.	Bordée galon large.
28 »	30 »	33 »

Couvertures molleton, 1re qualité,

Bordée tresse.	Bordée galon.	Bordée galon large.
36 »	38 »	41 »

Couvertures à l'anglaise, molleton 2me qualité, avec poitrail,

Bordée tresse.	Bordée galon.	Bordée galon large.
30 »	32 »	35 »

Couvertures à l'anglaise, molleton 1re qualité, à poitrail,

Bordée tresse.	Bordée galon.	Bordée galon large.
38 »	40 »	43 »

Couvertures à la française, coutil,

Bordée tresse.	Bordée galon.	Bordée galon large.
15 »	16 »	17 »

Couvertures à l'anglaise, coutil,

Bordée tresse.	Bordée galon.	Bordée galon large.
17 »	18 »	19 »

Camails crottin,

Bordée tresse.	Bordée galon.	Bordée galon large.
11 »	12 »	13 »

Camails molleton, 2me qualité,

Bordée tresse.	Bordée galon.	Bordée galon large.
17 »	18 »	19 »

Camails molleton, 1re qualité,

Bordée tresse.	Bordée galon.	Bordée galon large.
21 »	22 »	23 »

Camails coutil,

Bordée tresse.	Bordée galon.	Bordée galon large.
» »	» »	» »

Toutes couvertures avec chiffres en drap, entrelacés, découpés, par chiffre posé........ » 50
Toutes couvertures avec couronnes........ » 50
Couverture d'attente piquée, bande drap, la pièce........ 45 »
Masque de manéges, la pièce........ 4 50
Peaux à laver les voitures, faites exprès, la douzaine........ 22 à 30 »
Peaux poncées, pour argenterie, la douzaine........ 15 à 24 »
Cirage de l'Ancien Cocher, la bouteille (franco d'emballage)........ » 90
Cirage de l'Ancien Cocher, par baril, le 1tre (le baril en plus)........ » 90
Eau de cuivre, par bouteille........ » 90

Poudre métallinique, par paquet, la douzaine de paquets.................. 4 »
Vernis végétal, pour harnais, par demi-litre.............................. 1 75
Vernis végétal, pour harnais, par litre. 3 25
Vernis Japon, pour capotes, par demi-litre.............................. 2 75
Vernis Japon, pour capotes, par litre.. 5 »
Vernis pour fer bouclerie, par demi-litre. 2 50
Vernis pour fer bouclerie, par litre..... 4 50

Peignes en corne,

11	12	13	14 dents.
3 50	4 »	4 50	5 » la douz.

Peignes à paturon cuivre, à toilette, la douzaine.......................... 5 50
Peignes à tondre, cuivre, la douzaine.. 6 »
Peignes à crinière, fer étamé, la douz. 5 50
Peignes à crinière, cuivre, la douzaine. 7 50

Brûloir à l'esprit-de-vin, à queue,

Nos	1	2	3	4
La pièce.	» »	1 25	1 50	1 75

Brûloir à l'esprit-de-vin, à manche,

Nos	2	3
La pièce.	1 25	1 50

Brûloir à robinet, la pièce............ 2 25
Couteau de chaleur, à deux manches, la pièce........................... 2 50
Couteau de chaleur, à deux manches, à talon, la pièce........................ 3 »
Couteau de chaleur, à manche plat, la pièce.......................... 3 »
Couteau de chaleur, cintré, un manche, la pièce.......................... 3 »
Ciseaux à tondre, la pièce, depuis 3 50 à 5 »
Tondeuse, la pièce................. 18 »
Cure-Pieds, la pièce .... 1 »

Etrilles pleines ou à jours.

1. Etrilles cintrées, deux marteaux, la douzaine........................ 5 »
2. Etrilles cintrées, deux marteaux, renforcées, la douzaine........... 6 »
3. Etrilles cintrées, quatre marteaux, renforcées, la douzaine......... 7 »
4. Etrilles cintrées, quatre marteaux, demi-renforcées, la douzaine..... 6 50
5. Etrilles cintrées, quatre marteaux, renforcées, la douzaine......... 7 »
6. Etrilles cintrées, quatre marteaux, très-renforcées, la douzaine......... 8 50
7. Etrilles cintrées, quatre marteaux, lames forgées, la douzaine........ 9 50
8. Etrilles cintrées, quatre marteaux, fines, la douzaine............... 10 »
9. Etrilles cintrées, quatre marteaux, lames contrariées, la douzaine.... 11 »
10. Etrilles cintrées, quatre marteaux, très-fines, la douzaine............ 12 »
11. Etrilles cintrées, quatre marteaux, extra-fines, renforcées, la douzaine. 15 »
12. Etrilles fer à cheval, demi-fortes, la douzaine...................... 7 50
13. Etrilles fer à cheval, fortes, la douz.. 10 »
14. Etrilles fer à cheval, très-fortes, la dne 12 »
15. Etrilles petit modèle de Paris, deux marteaux, la douzaine........... 10 »
16. Etrilles petit modèle de Paris, quatre marteaux, la douzaine......... 11 50
17. Etrilles grand modèle de Paris, deux marteaux, très-fines, la douzaine.. 18 »
18. Etrilles cavalerie, modèle ministériel, la douzaine..................... 7 50
19. Etrilles cavalerie, à ressorts, la douz. 9 50
20. Etrilles fermières, brutes, pleines ou à jours, le kilo..................... 1 10

Toutes étrilles étamées, en plus par douz. 1 »

Brosserie en tous genres.

Limandes plates, 14 rangs, soie blanchâtre, bonne qualité, la douzaine..... 29 »
Limandes plates, 13 rangs, soie blanchâtre, un tour noir, la douzaine...... 23 »
Limandes façon Michel, soie blanche, bonne qualité, plaquées, bombées,

15	16	17 rangs.
33 »	36 »	39 » la douz.

Les mêmes, 15 rangs, petit modèle, peu de différence, la douzaine.................. 30 »
Limandes Michel, inégalisées, soie grise, plaquées, bombées,

15	16	17 rangs.
48 »	51 »	57 » la douz.

Les mêmes, petit modèle, 15 rangs, la dne 45 »
Limandes façon Michel, soie grise, excellentes, plaquées, bombées,

15	16	17 rangs.
36 »	39 »	42 » la douz.

Les mêmes, petit modèle, 15 rangs, la dne 33 »
Limandes 1re qualité, soie de pieds blanche, plaquées, bombées,

15	16	17	19 rangs.
45 »	48 »	54 »	60 » la dne

Les mêmes, 1re qualité, soie grise, en moins par douzaine................. 3 »
Limandes extra-fortes, soie blanche, plaquées, bombées,

15	16	17 rangs.
54 »	57 »	66 » la dne

Limandes dessus en cuir bruni, avec poignées soie grise, la douzaine.............. 63 »

Brosses à harnais.

Brosses 1re qualité, cintrées, bombées, soie blanche, la douzaine.............. 42 »
Brosses 1re qualité, pointues, anglaises, soie blanche, la douzaine............. 42 »
Brosses 1re qualité, cintrées, bombées, soie noire, la douzaine.............. 42 »
Brosses 1re qualité, pointues, anglaises, soie noire, la douzaine.............. 42 »
Brosses 1re qualité, soie grise, la douz. 36 »
Brosses 2me grandeur, 1re qualité, soie blanche, la douzaine.............. 39 »

Brosses 2me grandeur, 1re qualité, soie grise, la douzaine................ 39 »
Brosses cintrées, 2me qualité, soie blanche, la douzaine...................... 33 »
Brosses cintrées, 2me qualité, soie grise, la douzaine...................... 30 »
Brosses à eau, 10 rangs, soie blanche, la douzaine......................... 42 »
Brosses à eau, 10 rangs, soie grise, la douzaine......................... 39 »
Brosses à eau, 9 rangs, soie blanche, la douzaine......................... 39 »
Brosses à eau, 9 rangs, soie grise, la douz. 36 »
Ces brosses sont pour laver les pieds des chevaux.
Brosses en chiendent, qualité supérieure, rien de meilleur, la douzaine......... 18 »
Brosses en chiendent, qualité supérieure, rien de meilleur, 2me grandeur, la douz. 16 »
Brosses en chiendent, qualité supérieure, rien de meilleur, 3me grandeur, la douz. 14 »
Brosses en chiendent, 1re qualité, la douzaine........... 10 50, 12 50 et 14 50
Brosses en chiendent, bouts ronds, la dne 11 »
Brosses en chiendent, bouts ronds, 2me grandeur, la douzaine........... 10 »
Brosses en chiendent, bouts ronds, 3me grandeur, la douzaine........... 8 50

Toutes mes brosses en chiendent sont plaquées en marronnier.

Passe-partout.

Passe-partout multipliés, 1re qualité, grand modèle, soie blanche, 13 rangs, la douzaine......................... 48 »
Passe-partout multipliés, 1re qualité, 2me modèle, soie blanche, 13 rangs, la douzaine......................... 45 »
Passe-partout multipliés, 1re qualité, 3me modèle, soie blanche, 13 rangs, la douzaine......................... 42 »
Les mêmes, en soie grise, en moins par douzaine.......................... 3 »
Passe-partout multipliés, 1re qualité, grand modèle, soie blanche, 12 rangs, la douzaine......................... 45 »
Passe-partout multipliés, 1re qualité, 2me modèle, soie blanche, 12 rangs, la douzaine......................... 42 »
Passe-partout multipliés, 1re qualité, 3me modèle, soie blanche, 12 rangs, la douzaine......................... 36 »
Les mêmes, en soie grise, 1re qualité, en moins par douzaine................ 3 »
Passe-partout non multipliés, grand modèle, soie blanche, 12 rangs, la douzaine. 36 »
Passe-partout non multipliés, grand modèle, soie blanche, 12 rangs, la douzaine. 33 »
Passe-partout non multipliés, grand modèle, soie blanche, 12 rangs, la douzaine. 30 »
Les mêmes, en soie grise, en moins par douzaine.......................... 3 »
Passe-partout grand modèle, soie grise, 11 rangs, la douzaine.............. 30 »
Passe-partout 2me modèle, soie grise, 11 rangs, la douzaine.............. 27 »
Passe-partout 3me modèle, soie grise, 11 rangs, la douzaine.............. 24 »
Passe-partout poissés, grand modèle, soie grise, la douzaine.................. 22 »
Passe-partout poissés, 2me modèle, soie grise, la douzaine.................. 19 »
Passe-partout double, grand modèle, soie grise, la douzaine.................. 42 »
Passe-partout double, 2me modèle, soie grise, la douzaine.................. 36 »

Musettes pour faire manger l'avoine.

Musettes grillagées, moyennes, la douz. 15 »
Musettes grillagées, grandes, la douzaine. 16 »
Musettes à œillets, moyennes, la douzaine. 12 »
Musettes à œillets, grandes, la douzaine.. 13 »

ARTICLES DE VOITURES EN TOUS GENRES

Lanternes.

Lanternes ovales ou rondes, ferblanc	la paire.	2 »
Lanternes, coins ronds, ferblanc	—	2 »
Lanternes ovales, portes jaunes, verres de côtés rouges	—	2 75
Lanternes rondes, ferblanc, à loupes rivées, renforcées	—	5 »
Lanternes rondes, ferblanc, à loupes rivées, renforcées, encadrements jaunes	—	6 »
Lanternes, coins ronds, à lunettes de couleur derrière	—	6 50
Lanternes ovales ou rondes, fonds plaqué	—	2 75
Lanternes ovales ou rondes, fonds plaqué, bougies plaqué	—	3 50
Lanternes ovales ou rondes, fonds plaqué, bougies plaqué, portes plaqué	—	4 »
Lanternes ovales ou rondes, fonds, bougies, portes et cadres plaqué	—	4 50
Lanternes ovales ou rondes, tout plaqué	—	5 »
Lanternes carrées, coins ronds, fonds plaqué	—	2 75
Lanternes carrées, coins ronds, fonds plaqué, bougies plaqué	—	3 50
Lanternes carrées, coins ronds, fonds plaqué, bougies plaqué, portes plaqué	—	4 »
Lanternes carrées, coins ronds, fonds, bougies, portes et cadres plaqué	—	4 50

Lanternes carrées, coins ronds, tout plaqué	la paire.	5 »
Lanternes nº 23, rondes, 13 c/ de diamètre, fonds plaqué à rayons, à réflecteurs, verres à biseaux	—	9 »
Lanternes nº 0, carrées, plates, 10 c/ de large sur 12 c/ de haut, verres à biseaux, lunettes derrière	—	9 »
Lanternes nº 8, carrées, plates, 10 c/ de large sur 12 c/ de haut, verres à biseaux, lunettes derrière, fonds plaqué	—	9 50
Lanternes nº 8, avec verres de couleur	—	10 »
Lanternes nº 10, carrées, plates, 11 c/ de large sur 12/c de haut, fonds plaqué, lunettes derrière, verres à biseaux	—	11 »
Lanternes nº 10, carrées, plates, 11 c/ de large sur 12 c/ de haut, fonds plaqué, lunettes derrière, verres de couleur	—	11 50
Les mêmes, avec douilles à vis, en plus	—	» 75
Lanternes nº 50, carrées, ovales du haut et du bas, 11 c/ de large sur 13 c/ de haut, fonds plaqué, avec lunettes, verres à biseaux, douilles à vis	—	13 »
Lanternes nº 40, carrées, coins ronds, 11 c/ de large sur 13 c/ de haut, fonds plaqué, verres de couleur à étoiles, à biseaux, douilles à vis, chapiteaux carrés à bague	—	15 »
Lanternes nº 60, carrées, ovales, forme en pointe du haut et du bas, 11 c/ de large sur 14 c/ de haut, fonds et cheminées plaqué, verres à biseaux et lunes verre de couleur sur les côtés, gorges plaqué, douilles à vis	—	16 »
Lanternes nº 9, ovales, à oreilles sur les côtés, 11 c/ de large sur 15 c/ de haut, fonds plaqué, glaces à biseaux, verres de couleur à dessins sur les côtés, gorges plaqué, douilles à vis, chapiteaux à baguettes	—	18 »
Lanternes nº 11, à cinq pans, 15 c/ de haut, fonds plaqué, verres à biseaux, verres de couleur à dessins sur les côtés, gorges plaqué, douilles à vis, chapiteaux ronds à baguettes	—	20 »
Lanternes nº 43, à carrés vifs, genre Paris, 11 c/ de large sur 14 c/ de haut, fonds plaqué, verres à biseaux, gorges plaqué, douilles à vis, chapiteaux carrés à baguettes	—	25 »
Les mêmes, à glaces, en plus	—	2 50
Lanternes nº 42, même désignation du nº 43, mais de 3 lignes plus larges et plus hautes	—	29 »
Les mêmes, à glaces, en plus	—	2 50
Lanternes nº 39, même désignation du nº 43, mais de 6 lignes plus larges et plus hautes	—	33 »
Les mêmes, à glaces, en plus	—	2 50
Lanternes nº 61, à six pans, 14 c/ ½ de haut, fonds plaqué, verres de couleur à dessins sur les côtés, verres à biseaux, douilles à vis, chapiteaux à baguettes	—	18 »

Douilles de lanternes en fer, la paire	1 20
Douilles de lanternes en fer, à congé, la paire	2 40
Ferrures de lanternes de toutes sortes.	» »
Goujons de capotes en zinc, la garniture.	» 70
Goujons de capotes en ferblanc, la garniture	» 90
Gouttières en zinc, de 1 m 20, la paire.	1 75

ARTICLES DIVERS POUR VOITURES

Etuis de fouets, ferblanc verni, la douz.	2 40
Etuis de fouets, renforcés, croix dessous, vernis, la douzaine	3 25
Etuis de fouets, bagues cuivre ou argent, vernis, la douzaine	5 »
Etuis de fouets, bagues et culots cuivre ou argent, la douzaine	10 »
Etuis de fouets, bagues os ou buffle, la douzaine	10 »
Etuis de fouets, bagues ivoire, la douz.	14 »
Etuis de fouets, bagues cuivre et argent, un caoutchouc, la douzaine	8 »
Etuis de fouets, bagues et culots cuivre ou argent, un caoutchouc, la douzaine.	12 »
Etuis de fouets, bagues ivoire, un caoutchouc, la douzaine	16 »

Étoffes en tous genres.

Draps bleu, vert, marron, gris, le mètre de 10 à	15 »

Reps coton de tous prix.
Reps soie de tous prix.
Taffetas de stores, toutes nuances, le mètre .... 8 »

Galon uni, épinglé, noir, bleu et diligence,

Couture et rabattre.	Large.
» 35	2 50

Galon fond bas, tout laine, toutes nuances,

Couture et rabattre.	Large.
» 40	1 75

Galon à luisant, soie toutes nuances,

Couture et rabattre.	Large.
» 55	3 »

Galon ombré, à côtes, soie toutes nuances,

Couture et rabattre.	Large.
» 65	3 20

Conduits de stores,

Laine.	Soie.
» 20	» 27

Glands de stores,

Laine.	Soie.
1 »	1 40

Glands de crics, soie................ » 60

Glands de glaces,

Laine.	Demi-fin, soie.	Fin, soie.
3 »	3 50	3 70

Cordons de cochers, avec glands soie.. 4 75
Piqûres laine, toutes nuances, le cent.. 3 75
Piqûres laine, à cœur, toutes nuances, le cent.......................... 4 »
Piqûres soie, toutes nuances, le cent... 8 50
Boutons noirs, pour piqûres, 7 et 8 lignes, la grosse.................. 1 25
Boutons couleurs, pour piqûres, 7 et 8 lignes, la grosse.................. 1 40
Ficelle à piquer, le paquet de 8 pelotes. 7 »
Ficelle à galon, le kilo.............. 2 25

Fil à coudre au dé, noir et gris, le paquet,

Nos	15	24	30	36
	» »	» »	» »	» »

Nos	42	48	60
	» »	» »	» »

Fil à coudre au dé, noir et gris, la douz. » 75
Toile à parquet, toutes nuances, la pièce de 4 m 50.......................... 11 »

TOILES-CUIR AMÉRICAINES

Toile-cuir noire, par pièce de 11 mètres,

Nos	101 1re qualité.	101 2me qualité.
La pce	55 »	45 »
La ½ pce	28 50	23 50

Toile-cuir noire,

Nos	102 1re qualité.	102 2me qualité.
La pce	31 »	23 »
La ½ pce	16 50	12 50

Toile-cuir couleurs,

	Bleu.	Vert.	Marron.
La pce	34 »	33 »	31 »
La ½ pce	18 »	17 50	16 50

Toile-cuir noire, pour capotes, 1 m 25 de large,

	1²	1³	1⁴
La pce	65 »	88 »	92 »
La ½ pce	33 50	45 »	47 »

Toile-cuir noire, par 11 m (F),

Nos	22 1re qual.	22 2me qual.	22 3me qual.
La pce	31 »	25 »	19 »

Toile-cuir noire, 11 m,

Nos	24 extra.	24 1re qual.	24 2me qual.	24 3me qual.
La pce	55 »	44 »	38 »	33 »
La ½ pce	28 50	23 »	20 »	» »

Toile-cuir croisée, nº 23, 1re qual., la pce 44 »
Toile-cuir croisée, nº 23, 2me qual., la pce 38 50

Toile-cuir couleurs, par 11 m, 1re qualité

	Bleu.	Vert.	Marron.
La pce	36 »	34 »	36 »

Toiles-cuir (B) par 11 mètres.

1F	Toile à voile, largeur, 1 m 30, la pce	44 »
1	Toile à voile, largeur, 1 m 30, la pce	41 »
1B	Toile à voile, largeur, 1 m 25, la pce	39 »
1C	Toile à voile, largeur, 1 m 25, la pce	37 »
0	Toile à voile, largeur, 1 m 30, la pce	59 »
2F	Toile lisse, largeur, 1 m 20, la pièce.	35 »
2	Toile lisse, largeur, 1 m 20, la pièce.	31 »
2C	Toile lisse, largeur, 1 m 20, la pièce.	25 »
22	Toile lisse, largeur, 1 m 17, la pièce.	23 »
4	Toile croisée, largeur, 1 m 25, la pce	41 »
7	Toile à voile, largeur, 1 m 30, la pce	68 »
8	Toile à voile, largeur, 1 m 30, la pce	71 »
1B	Toile, envers jaune, largeur, 1 m 25, la pièce..........................	43 »
5	Toile, envers jaune, croisée, largeur, 1 m 25, la pièce..........	43 »
6A	Toile, envers jaune ou blanc, croisée, largeur, 1 m 25, la pièce........	68 »
1	Moleskine, envers jaune, largeur, 1 m 20, la pièce..................	68 »
2	Moleskine, envers jaune, largeur, 1 m 40, la pièce..................	100 »
9	Garde-Crotte, la pièce de 4 m 50, en 120 c/........................	42 50
10B	Toile à voile, envers jaune, largeur, 1 m 25, la pièce..................	77 »
10C	Toile à voile, envers jaune, croisée, largeur, 1 m 25, la pièce........	77 »
11	Feutre grainé ou lisse, largeur, 1 m 35, la pièce..................	132 »

Bâches imperméables, confectionnées avec œillets métalliques, depuis, 3 50 le mètre carré, jusqu'à.............. 5 50

TOILES EN TOUS GENRES

Toile forte à matelasser,

En 1m 10 de large.	En 1m 90 de large.
1 10	1 50

Toile bisonne pour doublures de tabliers.

Toile en 90c/ de large, le mètre......... 1 40
Toile en 1m 10 de large, qualité moyenne, le mètre 1 50

Toile en 1m 10 de large, qualité supérieure, le mètre........................ 1 75
Toile en 1m 10 de large, qualité ordinaire, le mètre 1 40
Toile verte, en 1m 15 de large, le mètre.. 1 60
Treillis noir, en 90c/ de large, le mètre.. 1 80
Treillis noir, en 90c/ de large, 1re qual., le mètre........................ 2 25
Treillis noir, en 1m 10 de large, le mètre. 2 »
Treillis noir, en 1m 10 de large, 1re qual., le mètre........................ 2 40

TAPIS, SPARTERIE ET SOIE VÉGÉTALE

Moquettes de toutes sortes et de toutes nuances, 8 50 à.................... 9 50
Sparterie sans soie, toutes nuances, le mètre carré........................ 3 10
Sparterie avec soie végétale, toutes nuances, le mètre carré.............. 3 75

Tapis tout soie végétale, toutes nuances, le mètre carré...................... 5 50
Tapis gazon vert, le mètre carré...... 8 50
Tapis jonc sur champ, le mètre carré.. 5 25
Tapis jonc sur plat, le mètre carré..... 3 »

ARTICLES DIVERS

Baguettes.

Baguettes cuivre ou argent, à jonc, les 100 pieds,

3	4	4 ½	5 lignes.
21 »	28 »	32 »	35 »

Baguettes cuivre ou argent, à dos d'âne, les 100 pieds,

	4 ½	5 lignes.
1re qualité,	35 »	38 »

	4		4 ½
Extra,	42 »	hautes,	48 »

Baguettes griffées .... 45 »
Baguettes jonc, toutes largeurs, le kilo... 4 »
Baguettes noyer, toutes largeurs, les 100 mètres........................ 20 »
Epis jaunes et blancs, la douzaine..... 3 25
Cache-fentes jaunes et blancs, la paire. 1 40

Lunettes cuivre, ovales ou carrées, à écrous,

2 ½	3	3 ½ pouces.
» 80	1 »	1 25 la pièce

4	4 ½	5 pouces.
1 40	1 70	1 85 la pièce

Lunettes argentées, ovales ou carrées, à écrous,

2 ½	3	3 ½ pouces.
1 10	1 35	1 60 la pièce

4	4 ½	5 pouces.
1 70	1 90	2 10

Plaques d'écrous d'essieux, cuivre, la dne 4 »
Plaques d'écrous d'essieux, argent, la douzaine .... 5 »
Les mêmes, gravées, en plus par douzaine. 3 50
Poignées bâton, pleines, à jours, depuis 3 fr. jusqu'à........................ 5 »
Poignées, fausses charnières, depuis 4 à 8 »
Poignées de diligence, cuivre, avec gâches, la paire........................ 4 50
Bascules cuivre, avec écrous, 2 » et 2 50

Bascules à boutons, talons cuivre ou argenté,

	En buffle.	En ivoire.
La paire,	4 50	5 50

Bascules à poire, talon cuivre ou argenté, avec écrous,

	En os.	En buffle.	En ivoire.
La paire,	3 25	5 »	6 50

Poignées de tirages, avec dés,

	En buffle.	En ivoire.
La paire,	» »	» »

Poignées de tirages, sans dés,

	En buffle.	En ivoire.
La paire,	5 »	6 50

Clous en tous genres.

Clous à emballages,

	Vernis, blancs, jaunes.	En os.	En buffle.	En ivoire.
La grsse	» 90	1 75	2 »	2 50

Clous à gorge,

	Noirs.	Noirs forts.	Cuivre ou argentés.
La grsse	3 »	4 »	6 50

Clous à gorge,

	En os.	En buffle.	En ivoire.
6 lignes, la grosse,	15 »	21 »	30 »
7 lignes, la grosse,	16 »	22 »	34 »

Clous de tilburys, la douzaine,

Vernis.	Jaunes et blancs.	En os.	En buffle.	En ivoire.
1 75	2 »	6 50	9 »	16 »

Agrafes de tabliers, modèle Erler, par garniture de quatre pièces,

	Vernies.	En cuivre ou argentées.
La dne de gres	3 50	7 50

Garnitures de tabliers, par garniture de quatre pièces,

	Vernies.	Jaunes et blanches.	En ivoire.
La dne de gres	3 50	6 »	la gre 4 75

Garnitures de capotes, par garniture de quatre pièces,

	Vernies.	Jaunes et blanches.	En ivoire.
La dne de gres	4 »	7 50	la gre 4 75

Crampons à pointes, vernis,

	12	14	16	18 lignes
La grsse	10 »	11 »	13 »	14 »

Crampons à vis, vernis,

	12	14	16 lignes
La dne	1 15	1 30	1 50

Crampons à rouleaux, vernis,

	12	14	16 lignes
La dne	1 25	1 40	1 60

Crampons à rouleaux, jaunes ou blancs,

	12	14 lignes
La dne	2 »	2 25

Crochets de guides,

	Vernis.	Jaunes et blancs.
La dne	2 50	4 50

Crochets de guides, à écrous,

	Vernis.	Jaunes et blancs.
La dne	6 50	7 50

Garnitures de vasistas, petits verrous à pompe,

	En cuivre.	Argentées.
La garniture,	10 50	13 »

Garnitures de vasistas pour américaines,

	En cuivre.	Argentées.
La garniture,	14 »	19 »

Mentonnet de vasistas, avec entrée,

	En cuivre.	Argenté.
La pièce,	1 50	1 90

Verrou à pompe,

	En cuivre.	Argenté.
Petit, la pièce,	1 40	1 90
Grand, la pièce,	2 75	3 »

Store de côté, jusqu'à 60 c/,

	Jaune.	Blanc.
La pièce,	2 »	2 50

Store de devant,

	Jaune.	Blanc.
La pièce,	3 25	3 75

Store de côté, sans cric, pour diligence, en cuivre, la pièce........... 1 75

Store de lunette, avec support et boule, en cuivre, la pièce................. 2 »

Crics de stores,

	En cuivre.	Argentés.
La douzaine,	7 50	11 »

Pitons de stores étamés, le cent....... 6 »

Boule de mécanique,

	En buffle.	En ivoire.
La pièce,	2 »	4 »

Roulettes de glaces,

	En os.	En buffle.	En ivoire.
La dne	7 »	10 »	16 »

Olives de crémaillères,

	En os.	En buffle.	En ivoire.
La dne	7 »	9 »	11 »

Poires pour stores,

	En os.	En ivoire.
La dne	2 »	3 25

Bagues de cordons,

	En os.	En buffle.	En ivoire.
La d^ne	1 25	1 60	2 25

Cache-entrée à tourniquet cuivre, la d^ne 9 »
Canules à eau en cuivre, la douzaine... 4 50

Dessous de vis pleins, le cent......... 5 50
Dessous de vis estampés, le cent...... 3 25
Bouts de brancards, fer limé, 22 à 30%, la paire.................... » 60
Bouts de brancards, fer limé, 32 à 40%, la paire.................... » 70
Les mêmes polis, en plus par paire...... » 40
Bouts de brancards en cuivre, la paire.. 1 25

GRAVURE DE VOITURES EN TOUS GENRES

Gravure en noir.................. 1 »
Gravure en couleur................ 2 »

FOURNITURES

Fil anglais, par 30 pelotes,

Nos	2	5	9
Le paquet,	9 »	11 50	13 »

Fil anglais, par 40 pelotes,

Nos	2	5	9
Le paquet,	6 50	8 »	10 50

Fil jaune ou gris, par 40 pelotes,

Nos	21	15	11
Le paquet,	9 »	10 »	11 »
Nos	17	25	30
Le paquet,	12 50	14 »	15 »

Fil aurore, par 40 pelotes,

Nos	21	14	11
Le paquet,	9 75	14 »	15 »

Fil noir ou blanc, par 40 pelotes,

Nos	00	0	1	2
Le paquet,	8 50	8 75	10 50	12 »

Fil jaune ou gris, à la grosse, 144 pelotes,

Nos	15	17	25	30	40	50
La gr.	17 »	20 »	22 »	29 »	33 »	36 »

Fil pour coudre au dé, noir ou écru, 1re qualité, la douzaine.............. » 75

Fil de chanvre sec,

Nos	1	2	3	4	5	6
Le paq.	2 90	3 »	3 20	3 30	3 40	3 60

Nos	7	8	9	10	12
Le paq.	4 25	4 30	4 50	4 75	5 »

Warech, par 50 kilos, pas moins...... » »
Crin végétal gris, les 50 kilos......... 34 »
Crin végétal noir, les 50 kilos......... 42 »
Crin animal noir, de tous les prix, le kilo.................... 3, 3 50 et 4 »
Crin animal blanc, de tous les prix, le kilo.................... 3 50, 4 et 4 50

CUIRS EN TOUS GENRES

Cuirs à harnais, demi-façon, chair propre, noirs et jaunes.

Cuirs à doubler, les deux côtés........................ de 60 à 65 »
Cuirs à brides, les deux côtés........................ de 65 à 70 »
Cuirs à guides, les deux côtés........................ de 75 à 80 »
Cuirs à courroies de reculements et barres de fesses, les deux côtés........ de 85 à 90 »
Cuirs à traits, les deux côtés........................ de 95 à 115 »
Cuirs jaunes brunis pour brides ou guides doublées, les deux côtés........ de 60 à 65 »
Cuirs jaunes brunis pour mains de guides........................ de 70 à 80 »
Cuirs jaunes brunis pour courroies d'étrivières, les deux côtés........ de 90 à 100 »

Vaches grasses.

Vaches grasses grainées, à tabliers........................ de 45 à 60 »
Vaches grasses grainées, à capotes........................ de 72 à 80 »

Chevaux.

Chevaux gras grainés, à tabliers .... de 34 à 45 »

Vaches vernies.

Vaches vernies grainées, à garnitures.......... de 60 à 80 »
Vaches vernies grainées, à capotes.......... de 86 à 110 »
Croûtes vernies pour œillères et garde-crotte.......... de 20, 30, 35, 40, 50 et 60 »
Croûtes vernies fortes pour sellettes et mantelets.......... de 70 à 80 »
Vaches vernies pour sellettes et mantelets.......... de 85 à 100 »

Moutons grainés vernis, la douzaine .... » »
Chèvres grainées vernies, la douzaine.......... » »
Vachettes grasses grainées pour tous usages.......... de 18 à 30 »
Veaux laques pour couvertures de selles.......... de 14 à 16 »
Peaux de cochons pour siéges de selles.......... » »

OBSERVATION

J'ai à votre disposition toute la Peausserie pour garnitures de voitures.

ARTICLES DE BOURRELLERIE EN TOUS GENRES

Housses bleues Valachie,

De 3 50 à 5 »		De 9 50 à 12 »
De 5 50 à 7 »		De 12 50 à 15 »
De 7 50 à 9 »		De 16 » à 18 »

Toutes de belles peaux et de beaux lainages et nuances.

Franges rouges ou bleues, de tous dessins,

2½	3	3½	3¾	4	centtres.
4 50	5 »	5 50	6 »	6 50	la pièce.

4½	5	5½	6	centtres.
7 »	8 50	9 »	10 50	la pièce.

Effilé simple rouge ou bleu, la pièce.... » »
Effilé double rouge ou bleu, la pièce.... 4 50
Laine torse ou floche, écarlate, bleue, jaune, blanche, le kilo.......... 7 »
Toile siamoise de tous dessins, le mètre. 2 20
Treillis noir pour panneaux, en 110 c/ de large, le mètre.......... 2 »
Coutil, mille rayures, pour panneaux, en 100 c/ de large, le mètre.......... 2 20
Petit Drap bleu pour panneaux, en 50 c/ de large, le mètre.......... 1 75
Petit Drap rouge pour panneaux, en 50 c/ de large, le mètre.......... 2 25
Petit Drap bleu fin, en 100 c/ de large, le mètre.......... 5 »

Bourses vertes pour marchands,

Nos	10	11	12	13	14
La dne	11 »	13 »	15 »	19 »	22 »

Arçons à la française ou à troussequin, fortes ferrures,

5, 6, 7, 8, 9	10, 11, 12	13, 14 pouces.
21 »	24 »	27 »

Contours de troussequins, jaunes ou blancs, la douzaine.......... 9 »
Contours de troussequins, jaunes ou blancs, la pièce.......... » 85
Petits Contours de battines, jaunes ou blancs, la paire.......... » 70
Petits Contours de battines, jaunes ou blancs, la douzaine.......... 7 50
Plaques de sellettes assorties, avec clous, la pièce.......... 2 50
Contournage de sellette, un contour, la pièce.......... 1 25
Contournage de sellette, un contour et deux petits contours de battines, la pièce 2 25
Contournage de sellette, trois contours et plaque, la pièce.......... 4 50
Contournage de sellette, un contour, plaque et battines recouvertes, la pièce, de 10 50 à.......... 13 »
Les mêmes, avec pommeau tenant aux battines, en plus, par pièce.......... 2 »

Contours de selles américaines, jaunes et blancs, la garniture .... 12 »
Contours de selles hussardes, jaunes et blancs, la douzaine................ 15 »
Contours de selles lyonnaises, jaunes et blancs, la douzaine................ 20 »

CLOUS ET FLEURONS

Clous dorés et argentés, par mille,

Semences.	Jeunes.	Moyennes.	Lentilles.
2 25	3 »	3 70	4 75

Pour les longues pointes, en plus .... » 25
Pour les pointes en fer, en plus......... » 25

Fleurons ronds ordinaires, jaunes ou blancs,

8	10	12	14	16	18 lignes.
4 »	4 50	5 50	6 50	8 »	9 » la grsse.

Fleurons fondus ronds, jaunes et blancs,

8	10	12	14	16	18 lignes.
9 »	10 »	12 »	14 »	18 »	22 » la grsse.

Fleurons ovales pleins, à filets, jaunes et blancs,

8	10	12	15 lignes.
3 50	5 50	7 50	12 » la grosse.

18	21	24 lignes.
15 »	18 »	25 » la grosse.

Fleurons à glands pleins, jaunes et blancs,

10	12	15	18	21 lignes.
6 50	11 »	14 »	18 »	22 » la grsse

ARTICLES DIVERS

Alliances de licols,

	Frottées.	Étamées.	En cuivre.
Le kil.	» 60	1 »	La pièce, 2 »

Anneaux ronds ou mi-ronds,

	Frottés.	Étamés.
Le kil.	» 58	» 90

Anneaux ronds ou mi-ronds, en cuivre roulé,

12 à 15	16 à 36 lignes
4 75	4 25 le kil.

Anneaux d'attelles à pitons à vis, étamés, 17 et 18 lignes, le cent.......... 5 50
Anneaux d'attelles à pitons à vis, en cuivre, 17 et 18 lignes, la douzaine... 6 »

Anneaux de veaux,

	Frottés.	Étamés.
Le kil.	» 90	1 20

Ardillons assortis pour boucles anglaises et à lyre,

	Frottés.	Étamés ou vernis.
Le cent,	1 25	1 50

Boucles demi-rondes assorties,

	Frottées.	Étamées.
Le kil.	» 60	» 90

Boucles de sous-ventrières renforcées, à rouleaux,

	Frottées.	Étamées.
Le kil.	» 90	1 10

Caveçons tords, frottés, la douzaine.... 2 30
Caveçons tords, étamés, la douzaine... 3 »
Caveçons façon gourmette, étamés, la dne 4 25

Crochets de rênes étamés,

	Ordinaires.	Estampés.
Le cent,	3 »	4 »

Crochets de billots, œil carré,

	Frottés.	Étamés.
Le kil.	» 60	» 90

Crochets de billots enchapés,

	Frottés.	Étamés.
Le kil.	» 80	1 05

Crochets sur platine, avec vis, la paire. » 90
Crochets et **Esses** de gourmettes étamés, le cent...................... 2 »
Crochets de fûts de selles de limons, vis à bois, frottés, le cent................ 15 »
Croissants d'attelles en bois, fer forgé, le kilo............................ » 75

Chaînes d'avaloirs,

	Frottées.	Étamées.
Le kil.	» 58	» 90

Crochets de traits, dits Porte-Mousquetons, à boutons, vernis, la paire...... 1 »

Embouchures, avec ou sans anneaux,

	Frottées.	Étamées.
Le kil.	» 58	» 90

Mors de somme, avec garniture,

	Noirs.	Étamées.
Le kil.	1 50	2 »

Mors troyens, avec anneaux, étamés, la d^no^ 6 50
Porte-Brancards tapissières, 20 lignes, vernis, la douzaine.................. 27 »
Porte-Brancards demi-tapissières, 18 lignes, vernis, la douzaine........... 21 »
Bracelets de porte-brancards forgés, la douzaine........................ 15 »

Rivets de licols, avec contre-rivures, étamés,

	Ordinaires.	Renforcés.
Le cent,	3 75	4 25

Rivets de licols, avec contre-rivures cuivre, le cent...................... » »

Tourets ordinaires étamés,

	Moyens.	Forts.	De somme.
Le cent.	2 25	2 75	3 75

Tourets à tête plate, étamés,

	Moyens.	Forts.	Extra-Forts.
Le cent,	4 50	5 »	6 50

Dés de dossières à rouleaux, étamés ou vernis,

18	21	24	27	lignes.
» 20	» 25	» 30	» 35	la paire.
30	**33**	**36**	**42**	lignes.
» 40	» 50	» 60	» 80	la paire.

Dés de dossières à rouleaux cuivre,

18	21	24	27	lignes.
1 30	1 50	1 75	2 »	la paire.

30	33	36	lignes.
2 25	2 50	2 75	le cent.

Boules de têtes de colliers, cuivre,

	Rondes.	A gland.
La douz.	5 » à 8 »	5 50 à 9 »

Cornes d'attelles, sans anneaux, cuivre, la paire.......................... 1 75
Têtes de chevaux estampées, cuivre, la paire.......................... 2 75
Têtes de chevaux fondues, cuivre, la p^re^ 3 75
Têtes de chevaux fondues, grandes, la paire.......................... 4 50

Crampons de têtes de colliers, à barres, à rouleaux étamés,

	1 barre.	2 barres.
La douz.	2 75	3 50

Porte-Cordeaux en cuivre, la douz... 6 50
Hauts de colliers cuivre, avec sonnettes, la pièce.......................... 1 60

Lettres capitales ombrées, cuivre,

12 lignes.
4 50 la douz.

Lettres capitales unies, cuivre fondu,

12	15	18	21	lignes.
6 »	7 »	7 50	9 »	la douz.

Rivets de courroies mécaniques, cuivre, le cent.......................... 1 »
Rivures de courroies mécaniques, blanchies, le cent.......................... » 75
Rouleaux de boucles, le cent......... 1 50

Bossettes mécaniques, par 5 kil.,

4/4 6	6/4 8	8/4 10	10/4 12	3h 14 lign.
» 65	» 60	» 55	» 55	» 55 le kil.

Bossettes mécaniques blanches, par 5 kil.,

4/4 6	6/4 8	8/4 10	10/4 12	3h 14 lign.
1 10	» 90	» 85	» 85	» 85 le kil.

Bois de dossières, de 30 à 54 lignes, la paire.......................... » 25
Boulons.

TABLE

FIN DE LA TABLE

1615 — Imp. A. Michels, passage du Caire, 8 et 10.

www.ingramcontent.com/pod-product-compliance
Ingram Content Group UK Ltd.
Pitfield, Milton Keynes, MK11 3LW, UK
UKHW020349230726
13925UKWH00003B/1038